NHK趣味の園芸——よくわかる栽培12か月

新版

シンビジウム

江尻宗一

趣味の園芸

目次

Column

本書は2000年に刊行された江尻光一著『NHK趣味の園芸 よくわかる栽培12か月 シンビジューム』を江尻宗一が現在の住宅環境に即して内容を見直し、加筆・修正したものです。なお、「シンビジューム」の表記を「シンビジウム」に改めています。

本書の使い方

本書はシンビジウムの栽培・管理について、1月から12月まで月ごとにわかりやすく解説しています。

- 「シンビジウム栽培へのいざない」では、シンビジウムの魅力、特徴や性質などの基本情報を概説し、タイプ別に分けて、それぞれの特徴と代表的な品種を紹介しています。
- 「12か月の作業と管理」では、月ごとの基本的な作業と管理を解説しています。冬から春までは、冬越しさせる室内温度によって、最低温度が15℃ある場合、7℃ある場合、5℃ある場合に分けて解説しています。
- 本書の解説は、特に表記していない場合は、関東地方以西を規準にしています。地域によって、作業適期などがずれる場合があります。
- その年の気象や栽培場所の環境、管理、気候の状態により、植物の生育状況は大きく左右されます。お住まいの地域の気候や植物の状態に合わせた管理を心がけてください。

シンビジウム栽培へのいざない

シンビジウムの魅力を知っていただくために、プロフィールやおすすめの品種をタイプ別に紹介しています。

シンビジウムの魅力

●花の寿命が長く、花色が豊富

洋ランの魅力は多様です。カトレアはその豪華な花姿や花色を楽しみ、コチョウラン（ファレノプシス）は開花したときの優雅な花姿に心奪われ、デンドロビウムは可憐な花のよさで人々に知られています。

シンビジウムは、日本にも自生しているカンラン（寒蘭）やホウサイラン（報才蘭）に似た東洋的な花姿のすばらしさが人々の心を引きつけます。そして花の寿命の長さです。品種改良を行った結果でもありますが、第一花が咲いてから、最後の花がしおれるまで120日ぐらいは、花を楽しむことができる点も魅力の一つです。

このほか花色の豊富さにも心引かれます。特にピンク系の育種では日本が世界でもトップにあり、盛んに新品種が育成されています。緑色、黄、オレンジ色、白、褐色など、ブルーや黒を除いた多くの花色がある点も見逃せない特色です。

●寒さに強く栽培容易で、株も長寿命

シンビジウムはほかの洋ラン類に比べると低温に耐える力が強く、最低温度が5℃以上ある場所であれば容易に冬越しできる点も見逃せません。温室がなくても普通の室内で育てることができ、1〜2年勉強すれば育て方の基本がわかるようになるため、初心者でも育てることが

できる良さももっています。

株そのものは、ほかの草花とは比較にならないくらい長生きです。現在日本にあるシンビジウムのうち、一番早く日本へ渡ってきたと思われているシンビジウム・トラシアナムは、導入されてから100年以上たっています。草花でこうした長寿なものはあまりなく、シンビジウムは人と長いつき合いのできる洋ランであるといえます。

シンビジウム・トラシアナム。東南アジア原産の大型種。長寿で、日本に 100 年以上前にやってきた株が現存している。

●自分で設定した規準に挑戦できる

シンビジウムは大株づくりを試みて、1つの鉢から15～20本も花茎を出させ、数百輪もの花を楽しむこともできます。シンビジウムを育てるにあたっては、長いつき合いのなかで、花茎を何本出させたのか、1つの花茎に何輪の花をつけたのか、咲いた花の直径は何cmあったのかなど、いろいろな基準を自分なりにつくり、それにどれぐらい到達できたか、スポーツ感覚で栽培に挑戦することもできる魅力をもっています。こうしたところは今まであまり追求されていないので、今後が楽しみな洋ランの一つです。

シンビジウムの特徴と性質

●シンビジウムの株と花のつくり

ずい柱
リップ（唇弁）

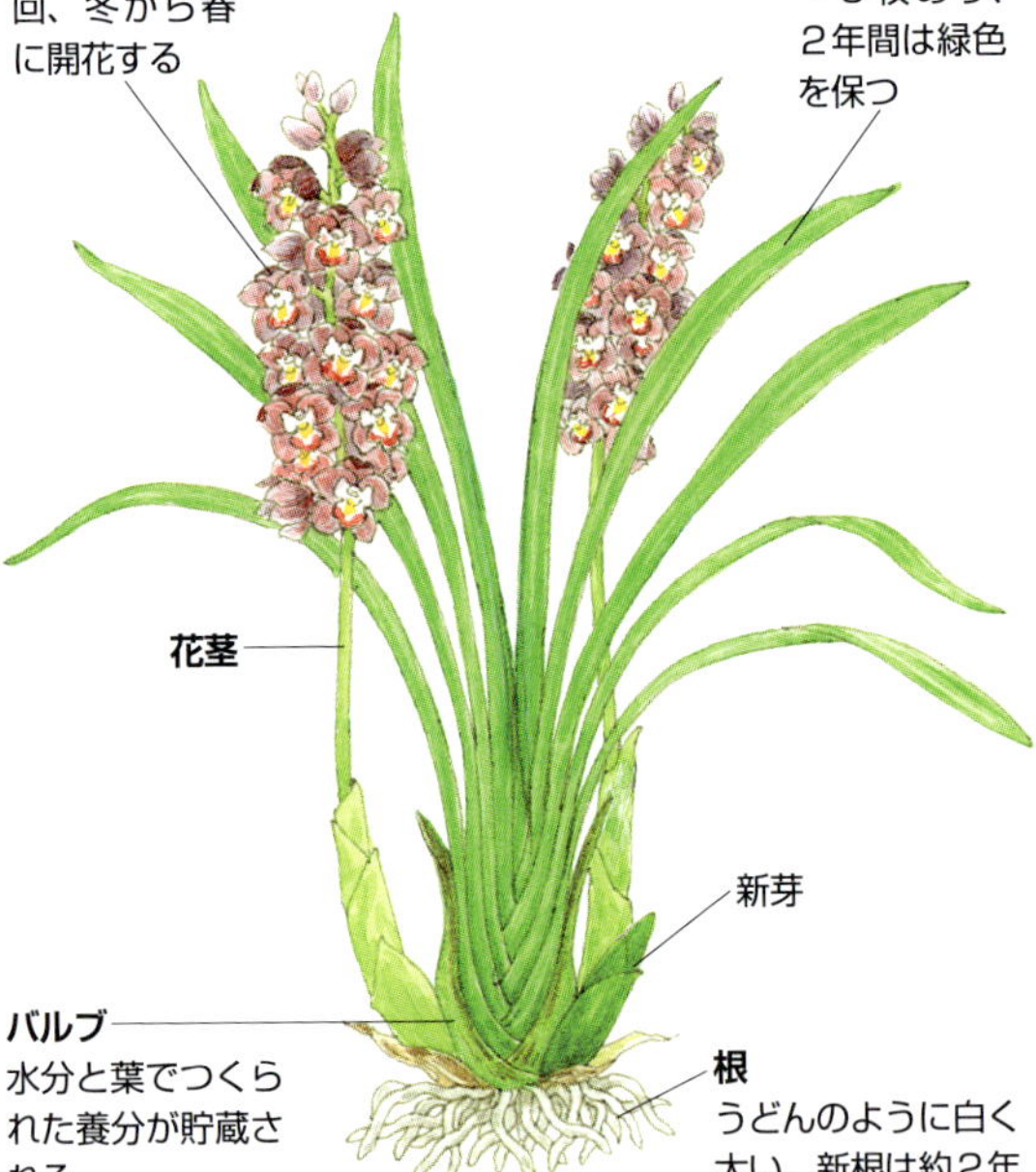
花
基本的に年１回、冬から春に開花する
葉
１バルブに7～９枚あり、２年間は緑色を保つ
うどんのように白く太い。新根は約2年間、水や肥料を吸収する

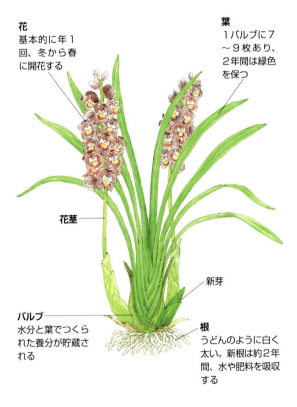

●東南・南アジアの原種の改良種

現在、日本で園芸的に大量生産されているシンビジウムは、インド、ミャンマー、タイなどの北部山岳地帯の800～１５００ｍあたりに自生していた原種の改良種が大半です。シンビジウム属のランはアジア全域といってもよいほどの広い範囲に分布しており、日本や中国に自生するシュンラン（春蘭）やカンラン（寒蘭）などもシンビジウム属ですが、これらは栽培、観賞、用途が異なるため、東洋ランとして別に扱われています。またフィリピン、インドネシアなどにもシンビジウム属は自生していますが、日本ではこれらの種類は量産されていません。

●原種同様、夏の夜温が下がるのを好む

シンビジウムの原種には、地面に生えているもの、樹木に着生しているものなどさまざまな種類があります。白くて太い根はカトレアやデンドロビウムとは異なり、樹皮に付着せず、大きな木のほこらのような穴の中に根を広げているので、通常の着生とは少し異なります。

日本で栽培されるシンビジウムの原種の分布域は、多くが日本の奄美大島や沖永良部《おきのえらぶ》島あたりと同じ緯度の地域です。また、ある程度標高の高い場所に生育しているので、冬は６～７℃まで気温が下がり、夏も夜は温度が下る場所です。品種改良されたシンビジウムは、花姿や花色こそ原種とは比べものにならないほど立派になっていますが、性質はあまり変わっていません。春から秋にかけてが生育期で、この期間十分な日光に当たることで花芽をつくることや、夏の夜の温度が昼間よりぐっと下がることを好む、といった条件は、改良種の栽培にあたっても当てはまります。

株の入手の仕方

シンビジウムはいろいろな方法で入手できます。それぞれ時期や入手後の管理にちょっとしたコツがあるので、以下で確認しておきましょう。

●ギフトでもらった場合

暮れにギフトの株が突然届くというケースがよくあります。これは花が咲いている株で、冬越しさえきちんと行えば、株は傷まずに春を迎え、以後も育って次年度も開花します。

●園芸店で入手する

春になると、花つき株の市場価格が冬の半分かそれ以下になっているため、小売店でも値段は低く、入手しやすくなります。また店頭に並

Munekazu Ejiri

ぶ品種数が多く、家庭での環境にすぐ慣れるので好都合です。ただし、冬に仕入れた売れ残りが安く販売されていることもあります。

株は大きく、品種もしっかりしていて、手ごろな価格になっているので、春に入手するのはお得です。しかし、園芸店の管理によっては、寒い場所に置いてやたら水だけ与えたため根がすっかり傷んで腐っていることもあるので、よく根際を確認して入手します。バルブに大きなしわがたくさん入っている株は、根腐れを起こしているにちがいないので、なるべく入手を避けたほうがよいでしょう。一度衰弱した株は、回復するのに2〜3年かかります。

種苗会社のカタログで注文する

種苗会社の通信販売用カタログに載っている株を注文するものです。カタログにはきれいな花の開花写真が掲載されているので、花つきで入手できるものと思いがちですが、多くの場合は苗です。入手後3〜4年育てないと花が咲かないものが多いので、そのつもりで注文します。

苗が届くのにいちばんよい時期は春で、初夏までに入手できればすぐに育ち始めるのでお得です。お届け時期をよく確認して発注するようにしましょう。夏と冬は輸送中に蒸れや低温で苗を傷めることがあるので、この時期には届かないようにします。

ネットの通販で購入する

シンビジウムもインターネットで買える時代になりました。多くの商品はギフト用の花つき株で販売されていますが、見本が花の写真でも販売品は苗ということもあります。自分の希望する株の状態の商品か、今一度確認してから購入しましょう。また、必ず品種名のラベルのついた商品であるかを確かめることも大切です。

シンビジウムのタイプと品種

シンビジウムは、花と株のサイズ、仕立て方によっていろいろなタイプに分けることができます。ここでは代表的なタイプを紹介します。

1 中〜大輪系シンビジウム

(1) 直立仕立て

シンビジウムが大量生産され、年末のギフト用に販売され始めたころから現在まで、一番よく見られるタイプです。中〜大輪系の花茎を支柱でまっすぐに立てた状態で販売されているものです。本来、シンビジウムは直立して開花する種類は少なく、多くは弓なりに花茎が伸びて開花します。輸送のしやすさを追求した結果が、この直立仕立てになったといわれています。

直立仕立てを目指すときは、花芽のわきにまっすぐに支柱を立て、花茎の伸長とともに支柱に誘引しながらまっすぐにします。花茎が長く伸びてからでは直立しないので、こまめな誘引が必要です。

(2) アーチ仕立て

直立仕立てで販売されていた中〜大輪系のシンビジウムの花茎をアーチ状に仕立てたものです。最近徐々にアーチ仕立てがふえ、今日ではシンビジウムの一つのタイプとして確立されてきています。じつはアーチ仕立ては、ゆったりと弓なりに優雅に咲く本来のシンビジウムの咲き方に近づけた仕立て方です。高度経済成長期に輸送と管理のしやすさから直立仕立てになったシンビジウムが、少し本来の姿に戻りつつあるのかもしれません。

家庭では販売品のような極端なアーチ仕立てにするのは難しいですが、自然とアーチを描きながら伸びる花茎に沿うように支柱を立てるとよいでしょう。

2 下垂性シンビジウム

１９９０年代から下垂性シンビジウムが販売されると、これまでとはまったく異なる咲き方に人気が集まり、ちょっとしたブームにもなりました。これはもともと垂れ下がって開花する性質のシンビジウムを改良してできた交配種で、濃い茶色系や白色の花が咲く品種が多くあります。大輪系のようなピンク系や黄色系はあ

●アーチ仕立て

●直立仕立て

どちらの仕立て方も品種は中輪系のラディアントオベロン‘苺の雫’（*Cym.* Radiant Oberon‘Ichigo no Shizuku’）。このように同じ品種が直立仕立てとアーチ仕立ての両方に用いられることも多い。

まりない種類です。

　下垂性シンビジウムは、花芽が伸びるときに強い日光に当たっていると、花茎が丈夫になりうまく下垂しない場合があります。きれいに垂れた状態で開花させるには、花芽の伸びてくるときに遮光して日光を少し弱めにしておきましょう。

3 テーブルシンビジウム

　近年は、都市部の家庭ではシンビジウムは少し大きすぎるランになっています。そこで登場したのがテーブルシンビジウムです。戦後すぐからある小輪系の品種を再び品種改良して、洋風の名前をつけた小柄なシンビジウムです。鉢のサイズ、株姿や花のサイズが小柄で、葉もあまり茂らず、テーブルの上にも気軽に飾れるタイプとして定着しつつあります。

●テーブルシンビジウム

カイファイヤー'はなつむぎ'（*Cym.* Khai Fire 'Hanatsumugi'）。高さ30～40cmほどとコンパクト。

●原種系交配種

ナガレックス'初音'（*Cym.* Ngalex 'Hatsune'）。シュンランを使った超小型の交配種。花つきがよく、花には微香がある。

栽培管理は大輪系などと同じですが、多くのテーブルシンビジウムは比較的しっかりとした花茎をもつため、支柱なしの自然開花でも美しく楽しめます。手のかからない栽培しやすいタイプです。

4 原種系交配種

原種系交配種（通称：和ラン）は最近ふえてきたタイプのシンビジウムです。東洋ランやシュンラン（日本や中国原産の原種シンビジウム）の雰囲気を取り入れ、小柄でほっそりとした雰囲気や小柄な株姿の交配種で、和風の趣をもつことから「和ラン」とも呼ばれています。東洋ランのように葉も細く観賞価値があります。

大きなシンビジウムとは見かけがかなり異なりますが、栽培管理は一緒にできるので、仲間に入れてみてもおもしろいタイプです。このタイプも多くは花茎が強く自立するため、ほとんど支柱立てが不要です。

5 原種

さまざまなシンビジウムを目にするようになると、趣味で栽培する方は次第に原種（今日でも原産地に自然に生える野生種）にも興味をもつようになります。シンビジウムの原種はあまり販売されていませんが、少量が人工栽培され入手することは可能です。素朴な雰囲気の花を咲かせるもの、強い香りと迫力のある花を咲かせるものなどさまざまな種類があります。交配種のように育てやすいわけではありませんが、一度挑戦してみてもおもしろいタイプです。

中～大輪系シンビジウム

エンザンラビング‘キャンドルナイト’ アーチ仕立て
Cym. Enzan Loving ‘Candle Night’

スプリングストリート‘さくらむーす’
Cym. Spring Street ‘Sakura Moose’

ラブリーブリーズ‘夜想曲’ アーチ仕立て　*Cym.* Lovely Breeze ‘Yasokyoku’

エクセレントグリーン'親王' アーチ仕立て *Cym.* Exlent Green 'Shinnou'

グレートフラワー'マリーローランサンクイーン'
Cym. Great Flower 'Marie Laurencin Queen'

カレイ'イエロークレイン'(黄鶴の舞)
Cym. Karei 'Yellow Crane'

(ピンクポップ×ラインストーン)'見返り美人'
Cym. (Pink Pop×Line Stone) 'Mikaeribijin'

ウダツナイト'ショパンの調べ'
Cym. Udatsu Knight 'Chopin no Shirabe'

ビビアン'ポピュラーソング' アーチ仕立て *Cym.* Vivian 'Popular Song'

ラブリースプリング'虹音' アーチ仕立て *Cym.* Lovely Spring 'Nijioto'

レディーファイヤー'レッドアンジェリカ'
Cym. Lady Fire 'Red Angelica'

コウシュウサンセット'ステイゴールド'
Cym. Koushu Sunset 'Stay Gold'

ラブリームービー'ゴールドラッシュ'
Cym. Lovely Movie 'Gold Rush'

シーサイド'プリンセスマサコ'
Cym. Sea Side 'Princess Masako'

ドリームシティ'桃源郷' アーチ仕立て *Cym.* Dream City 'Tougen Kyou'

ヤマナシドリーム'ムーンライトシャドウ'
Yamanashi Dream 'Moonlight Shadow'

バレーテイル'サイレントナイト'（聖夜）
Cym. Valley Tail 'Silent Night' アーチ仕立て

グレートフラワー'バレリーナ'
Cym. Great Flower 'Ballerina'

ラッキーフラワー'あんみつ姫'
Cym. Lucky Flower 'Anmitu Hime'

サラジーン'アイスキャスケード'
Cym. Sarah Jean 'Ice Cascade'

ドロシーストックスティル
'フォアゴットンフルーツ'
Cym. Dorothy Stockstill
'Forgotten Fruits'

オベロンタイガー'ゆきいちご'
Cym. Oberon Tiger 'Yukiichigo'

コウシュウプリンセス'チャングム'
Cym. Koushu Princess 'Janggum'

コウシュウセンチュリー'ゆめおと' アーチ仕立て *Cym.* Koushu Century 'Yumeoto'

原種系交配種

イースタンエルフ'一葉'
Cym. Eastern Elf 'Ichiyo'

(アルバネンセ×ミスタイペイ)'いろはうた01'
Cym. (*albanense*×Miss Taipei) 'Irohauta 01'

イースタンバニー'月の光'
Cym. Eastern Bunny 'Tsukinohikari'

(アルバネンセ×エンザンフォレスト)'いろはいろ04'
Cym. (*albanense*×Enzan Forest) 'Irohairo 04'

イースタンメロディー'松風'
Cym. Eastern Melody 'Matsukaze'

イースタンクラウド'冬時雨'
Cym. Eastern Cloud 'Fuyushigure'

ナガレックス'雛祭り'
Cym. Nagalex 'Hinamatsuri'

イースタンメロディー'村雨'
Cym. Eastern Melody 'Murasame'

原種

シンビジウム・トラシアナム　*Cymbidium tracyanum*　東南アジア原産

シンビジウム・エリスラエウム
Cymbidium erythraeum　ヒマラヤ〜中国南部原産

シンビジウム・ギガンテウム
Cymbidium giganteum　インド〜ネパール原産

12か月の作業と管理

シンビジウム栽培の作業と管理を
月ごとに紹介します。
毎日の栽培管理に役立ててください。

栽培を始めるにあたっての心得

●思い込みでの世話は失敗につながる

シンビジウムを育ててみようと考えた多くの人々は、水やりは何日ごとに行うのかとか、肥料は何がよくて何日おきに施すのか、といったことをまず頭に描くはずです。また、株の盛り上がった姿を見たら、植え替えしてやらないとかわいそうだと思うはずです。しかし、人間の一方的な思い込みでシンビジウムに接してはいけません。それだとどこかに手抜かりがあって、失敗につながることが多いものです。

●性質や特徴、生育サイクルを理解する

育ててみればみるほどシンビジウムは育てがいのある洋ランだということがわかり、育てる楽しさもだんだんわかってきます。毎年花を咲かせて本当に楽しむためには、いきなり水や肥料のことではなく、どんな環境を好み、どんな成長をいつするのか、といった基本をしっかり覚えましょう。そうでないと、かえって植物を苦しめることにもなりかねません。

シンビジウムに限らずどの植物でも、植物自体の好みにこちらがどう合わせるのかをまず考え、そして手入れを行うことです。それにはこの植物の性質や特徴をまず知り、次に生育サイクルを知り、よく理解してからスタートする必要があります。

●翌年1本でも花芽が出たら合格とする

次の年に1本でも2本でも花芽が出てきたら、まず合格と考えます。市販されているシンビジウムの株は花芽が3本も5本も出ていますが、これは技術を持っているプロが、よい設備の中で育てたものです。したがって、これと同じように咲かせようとは考えず、せめて1本くらい花を見たいといった低い目標を設定してスタートすると育て方が早く覚えられます。

もともと野生の植物なので、自然の環境の中では誰からの手入れも受けず、その土地の温度や日照、風、雨などの環境を利用して生きてきた植物です。そうしたところに気を配って育てようとする心が大切です。

秋になり新バルブが充実してきた株。水不足にしてしまったようで、少ししわが寄っている。

栽培環境や必要な手入れを確認しよう

●栽培場所の環境をチェック

成長期である5月から10月にかけて、少なくとも半日間は日光が当たる場所がかどうかをまず調べます。この期間中にいくら水や肥料をしっかり与えても、日光不足だと花芽がなかなか出ないものです。例えば午前中の日光が当たらず、午後のみ当たるという場合は、日よけさえすればそこで育てることはできます。1日2～3時間の日光しか当たらないという場合には、毎年花を咲かせることは難しくなります。

一方、冬の間は夏ほど日光のことに気をつかわなくてすみますが、やはり1日数時間の日光は欲しいです。日光がまったく当たらない部屋に置いた場合は、温度が十分にあれば花は咲きますが、花色は悪くなります。

また、冬の間の室温が0℃になるところでは冬越しができません。株は寒さで傷み、枯れることもあります。明け方の温度を6～7℃に保てるところで冬越しさせれば、株は弱りません。

開花し始めたシンビジウム。温度が十分にあれば花は咲くが、美しいピンク色にするためには、1日数時間は日光に当てたい。

●年間の手入れを確認

気が向いたら水をやったり、肥料を施すといったような気紛れな気持ちでは、シンビジウムを育て上げ、毎年花を咲かせることはできません。逆に、毎日水を与えたり、場所を変えたりするなど、手をかけすぎるのも、シンビジウムにとっては迷惑です。

生育期間中は、植え込み材料の表面が乾いたら水を与えます。梅雨どきのように雨の多いときには水やりの必要は少なくなりますが、夏になって雨の少ないときは頻繁な水やりが必要です。肥料は4月下旬から9月までの間、液体肥料を週1回施します。さらに4月下旬から7月までは固形肥料も置き肥します。固形肥料のタイプによって異なりますが、油かす主体の固形肥料なら月1回、3～6か月ほど効果の続く緩効性化成肥料ならば春に1回施すだけです。

冬の生育休止期は肥料やりはなく、植え込み材料の表面が乾いたら水やりをするだけなので、夏に比べると手入れの時間はいりません。

植え替えや株分けは1年おきか2年おきに行います。春の大型連休のころが適期なので、時間はつくりやすいでしょう。

●1年目は環境に慣らすことに努める

シンビジウムは、洋ランのなかでは丈夫で適応力をもっている種類ですが、家庭の新しい環境に慣れるまでに1年はかかります。生産者の温室内で育てられ、生花市場から小売店を経て、家庭で飾られるため、急な環境の変化に株はすぐには追いつけません。入手後の1年目は学習のつもりで、肥料や水などをすべて控えめにして株を育てましょう。2年目からは新しい環境や肥料、水やりにも株が慣れてくるので、旺盛に成長して花も咲きやすくなります。

新芽
成長

新バルブ充実、生育休止、
花芽出芽

（関東地方以西基準）

	6	7	8	9	10	11	12
			生育				生育休止
	戸外（35～40%遮光下）					室内の窓辺	
	週3～4回		毎日	徐々に減らす	週1回	たっぷり	週1～2回
		液体肥料を週1回					
		黒点病					アブラムシ
		ハダニ					
				根腐れ株の再生			
					秋の芽かき		
							支柱立て

シンビジウムの栽培暦

開花

新芽
伸長

	1	2	3	4	5	
生育状況		生育休止	開花		生育	
置き場		室内の窓辺				
水やり		週１～２回				
肥料				３～６か月ほど効果のある緩効性化成肥料なら年１回 油かす主体の固形肥料なら月１回	液体肥料を週１回	
病害虫の防除		アブラムシ				
主な作業	支柱立て			植え替え、株分け 根腐れ株の再生 春の芽かき		

植え替え

目的は新芽や新根を伸びやすくすること

シンビジウムは毎春、新芽を出して成長し、植えつけ後2年もすると、株は鉢の縁いっぱいに広がります。これをほうっておくと新しく伸びる余地がないため、新芽が出ても細い芽ばかりになり、その結果、葉ばかりが茂って花芽ができにくくなります。

これと同様のことが、鉢内に広がる根でも起こっています。鉢いっぱいになった古根に重なるように新根が出ますが、この新根は伸びる余地があまりないため以前ほど広がらず、これも成長を悪くする原因になります。

植え替えという作業は、こうした状態を改め、新根や新芽が少しでも伸びやすくなるよう、今までより一回りか一回り半大きめの鉢に株を移す作業のことをいいます。この植え替えのことを「鉢増し」ともいいます。

株姿よりも花優先で

植え替えは、適期以外には行ってはいけません。行っても根づかないことがあるからです。また、植え替えは1年おきか2年おきに行うようにします。毎年行うと、新根が新しい鉢内にしっかり張るのに時間がかかり、新芽が育つ期間が短くなるため大きく育ちません。その結果、花芽ができないこともあるからです。

鉢のサイズは今までより一回りか一回り半ぐらい大きなものにとどめます。急に大鉢に入れてしまうと、根が鉢内いっぱいに張るまでに時間がかかるため、地上部の伸びは悪くなり、花芽のできないことも多くなります。1年おきに若干大きめの鉢に植え替えて少しずつ株を大きくしていくと、毎年花が咲きます。大株になるにつれ、花芽が多く出ます。

こうした植え替えを繰り返すと、株の中心部分は葉をなくした古バルブのみが集まり鉢の縁に新しい葉が茂るため、株姿は悪くなります。しかし、花芽の出はよくなるので、株の姿は二の次と考えましょう。

植え替えの注意事項

①必ず適期に行う。
②毎年植え替えをしない。
③鉢を一度に大きくしすぎない。

旺盛に成長し、鉢いっぱいに茂った株。このままでは生育が悪くなり、花芽ができないので、植え替えが必要。

鉢の縁まで迫った株。これ以上新芽が先に広がる余地がないので、植え替える。

昨年植え替え損ね、株だけでなく根も鉢いっぱいになって盛り上がってしまった株。まだ株の勢いがあるので、今年必ず植え替える。

植え替えのために用意するもの

鉢　プラスチック鉢を使います。昔は素焼き鉢に水ゴケ植えが主流でしたが、今は植え込み材料に軽石とバークが主体の洋ラン用培養土を使うので、プラスチック鉢や化粧鉢にします。形は直径よりも背丈のほうが高いものを用います。これはシンビウムの根がまっすぐ下のほうに向かって伸びる性質をもっているからです。

植え込み材料　コンポストとも呼びます。40年ぐらい前は、シンビジウムも水ゴケを使って植えつけていましたが、現在では使用しません。水ゴケの価格が高くなったこともありますが、植えつけのスピードが生産者にとっては大切なので、現在市販されている洋ラン用培養土のような、軽石とバークを主体にほかの材料を混ぜた植え込み材料が主流になっています。1時間に何鉢植え替えられるのかが問われる生産現場

軽石やバーク主体の市販の洋ラン用培養土。メーカーによって混ぜているものや混ぜる比率は異なっており、ヤシ殻バークやクルミの殻が主体のものもある。

鉢は、市販の洋ラン用培養土を用いる場合は、直径よりも背丈のほうが高いプラスチック鉢や化粧鉢を用いる。鉢底の穴が大きいものや穴数が多いもの（上写真）を選ぶ。見た目はよくてもテラコッタ鉢（下写真右）などはシンビジウムの栽培には向いていない。

では、手間がかかり、価格が上がってしまった水ゴケは対象外になっています。専門の生産者が使用した植え込み材料と同質のものを使って植えつけると、根は新しい植え込み材料になじみすぐに成長を始めるので、市販の洋ラン用培養土をそのまま使用するとよいでしょう。なお赤玉土、腐葉土といった草花用の用土は使いません。根詰まりの心配があるからです。

植え替えの際には、今までの植え込み材料を半分程度取り除きますが、この古い植え込み材料には肥料が残っていたり、場合によると害虫や病原菌がいるかもしれないので、再利用せずに処分します。

〈植え込みの道具〉

ゴム製ハンマー　鉢から抜かないと植え替えや株分けはできませんが、新根がしっかりと鉢内に張ってしまうと、少々たたいても抜けません。株を抜くときにはゴム製ハンマーか木づちがあれば便利です。株の葉をまとめて手で握り、鉢をぶら下げるような感じで持ち、鉢の周囲の縁の部分を下に向かってたたくとすぽっと抜けます金づちだと鉢が割れてしまうので用いないようにしましょう。

植木バサミ　残っている花茎や古葉、ふかふかになった根や黒く腐った根を切り取る際などに用います。ハサミを通してウイルス病などに感染しないように、1株ごとに消毒してから用いるようにしましょう。

植え込み棒　新しい用土を少しずつ加えながら、植え込み棒でこれをつつき、平均した密度で植え込み材料が全体に行き渡るようにします。市販品はなく自分でつくりますが、少し太めの竹ばしか菜ばしなどでも代用できます。

植え替え　適期＝4月上旬〜5月中旬

植え替えは毎年は行わず、１年おきか２年おきに行うようにします。春になってもあわてず、新芽や新根の成長が見え始めたときに行うと根づきがよくなります。

❶ 昨年末に開花しているものを購入して栽培を始めた株。鉢いっぱいになり、根も盛り上がっているので植え替える。花茎が残っていたら切り、支柱が立っていたら抜いておく。

❷ 葉を束ねてしっかりと握り、鉢を持ち上げて、ゴム製ハンマーで縁をたたいて株を鉢から抜く。

❸ 根鉢の表面にびっしりと張っている根をチェックする。この株は根が健全で白く見える。もし根が黒くなっていたら51ページの根腐れ株の再生を参照。

根鉢の下3分の1を切り取る。

根鉢を手の甲でたたいて、根鉢の植え込み材料を落とす。

たたいたくらいでは落ちない場合は、根鉢の側面に切れ込みを入れ（上）、手で根鉢を開いて植え込み材料を落とす（下）。

植え込み材料を半分程度落とす。ふかふかになった根や黒っぽくなった根は切除し、長い根を切り詰めて整理する。

一〜二回り大きい鉢に、新芽が成長する側を広く開け、鉢の縁から2cmほど下に株元がくるように株を据える。

植え込み材料を入れ（上)、鉢をたたいて鉢や根のすき間全体に行き渡らせる（下)。

沈み込んだところにさらに植え込み材料を足し入れ（上）、棒でつついて均一の固さに詰める（下）。

さらに指でぎゅっと押さえて植え込み材料を固く締める。

葉を持って鉢を持ち上げてみて、鉢が落ちなければよい。鉢が落ちたらやり直して、植え込み材料をもっと固く詰める。

植え込み材料の表面を整え、品種名のラベルをさす。植え替え作業日も書いておくと、次の植え替えの目安になる。

鉢底の穴から流れ出す水が澄むまで、たっぷりと水を与える。

植え替え終了。元の置き場に戻して管理する。肥料はしばらくは施さず、液体肥料も固形肥料も約１か月後から施すようにする。

こんな株も植え替えが必要

植え替えが遅れ、管理もよくなかったために全体が衰弱してしまった。根腐れを起こしている可能性もある。この場合は、秋でも植え替えたほうがよい（50ページ参照）。

バルブが鉢の縁から完全にはみ出している。まだ株の衰弱はひどくないので、植え替えれば秋には花芽ができる可能性もある。

大鉢づくりを目指したが、置き場が光量不足だったために葉が垂れた株。株分けして仕立て直したほうがよい（46ページ参照）。

昨年植え替えたときに大きすぎる鉢に植えたため、生育不良になった株。株に合った小さい鉢に植え替える。

株分け

株姿を美しくし運搬も楽に

大きくなった株を小さく分けることを株分けといい、植え替えの適期と同じときに行います。シンビジウムの場合、1年おきに植え替えを2回も行うと株は大きくなり、それにともなって鉢も大きくなって持ち運びが大変になります。また、葉を失った古いバルブが鉢の中央に集まってしまい、姿も悪くなります。そこで株の姿をよくするためと、持ち運びしやすくするために行うのが株分けの基本です。また、珍しい品種や変わった花色の株を早くふやしたいときは、大株になる前に株を分け、株の数をふやすこともあります。

大株を株分けする場合は、鉢から株を抜くのに少々時間がかかったり、重いので一人で行うことができなかったりすることもあるので、あらかじめ予定を立てて、人手を頼んで協力してもらう必要もあります。

バルブを1つずつに分けてはダメ！

鉢から株を抜き、古い植え込み材料を落とし、根をむき出しにします。古い植え込み材料を取り除く際は底のほうから少しずつ落とします。この作業は手でも行えますが、棒などを使って少しずつほじくり出すやり方もあります。

こうして古い植え込み材料の大半を除いたあ

株分けの際は、作業開始前に株元をよく見てバルブがふえていった順番をよく確認して、分ける位置を見極める。この株の場合、一番古いバルブはすでになくなり、そこから左右に2つに分かれて（写真では上方向に）バルブがふえていっているので、分ける位置がとてもわかりやすい。株によっては、バルブが入り組んでわかりにくいものもあるので、植え込み材料を落としてからも再確認する。

とに株を分けます。この際大切なことは、バルブを1つずつに分けないことです。葉のある2バルブがつながった状態で切って1株にするか、バックバルブ（葉が落ちて茶色くなっても固いバルブ）もつけて3バルブで1株にするようにに分けます。1バルブごとにすると株の勢いがぐっと悪くなり、2年ぐらいは花芽が出ないこともあるからです。

1株ずつ大きさに見合った鉢に植える

株分け後は、分けた株の大きさに見合うような鉢を選び、1株ずつ植えつけます。細かく分けた株を寄せ集めて大きな鉢に植えるというやり方では、成長せず、花も咲かなくなります。

植え替え時に取り除いたバックバルブは、別に植えつけると芽や根が伸びてきて育てられますが、花をつけるまでに5年ほどかかります。

株分け　適期＝4月上旬～5月中旬

植え替えを1～2回行った株は大きくなり、さらに1年たつと鉢からはみだしそうになってしまいます。大株づくりを目指すのでなければ、株分けをしましょう。

株分けを行う株。花が終わり、そろそろ新芽が動きだそうとしている（上）。反対側から株元を見ると、バルブがふえていった様子がよくわかる。この株は中央で2つに分ける（下）。

花茎が残っていたらつけ根から切り（上）、支柱は抜き取っておく（下）。

葉を束ねてしっかりと握り、鉢を持ち上げて、ゴム製ハンマーで縁をたたいて株を鉢から抜く。

根鉢の表面にびっしりと張っている根をチェックする。根の先端部が白く、株の生育が始まったことがわかる。黒く腐った根も見られず健康な株。

根鉢の下３分の１を切り取る。

株を分ける位置を確認し、根鉢の側面に切れ込みを入れる。

❼ 手で根鉢を開いて植え込み材料を落とす。

❽ つけ根をよく確認して株を２つに分ける。手でうまく分けられないときにはハサミで切ってもよい。

❾ バルブが４つあるので、葉のない一番古いバルブを取り除く。

❿ 黒くなったりふかふかになった古根、長すぎる根を切って整理する。

整理を終えた株。株の大きさに見合う鉢を選び、１株ずつ植えつける。植えつけ方法は40ページ参照。

⓫

⓬

鉢底から流れ出す水が澄むまで、たっぷりと水を与えて完了。元の置き場に戻して管理する。肥料はしばらくは施さず、液体肥料も固形肥料も約１か月後から施すようにする。

根腐れ株の再生

根腐れ株の再生

根腐れは、低温に当てたときや濃い肥料を施してしまったときなどに起こります。鉢が大きすぎて水はけが悪いために起こることもあります。根腐れを起こした株には次のような症状が現れるので、気をつけているとわかります。

①すべてのバルブにしわが寄る。

②葉が生気を失って垂れ気味になる。

③葉色が黄色っぽくなり、さらに葉の表面につやがなくなる。

④触ってみると株がぐらぐらする。

こうした症状は冬の終わり、あるいは夏の終わりなどに多く出てくるので、発見したときには植え替え、育て直すようにします。植え替えの適期は、春の彼岸のあとから初夏までと、秋の彼岸の前後ですから、このときを逃さずに行います。適期以外の時期に根腐れを発見したときには、乾かし気味に管理して適期を待ちます。

全体の要領は株分けと同様で、まず株を鉢から抜き、古い植え込み材料をすべて落として根を点検します。触ってみて弾力のない根はすべて切り捨て、古くて弱ったバルブも切り取ります。今までより小さな鉢を用意して、小さくなった株を1鉢ずつ植え込みます。根腐れした株は必ず根に見合ったサイズの小鉢に植えて育て直すのが元気になる早道です。

根腐れ株の再生　適期＝3月下旬～5月中旬、9月中旬

根腐れを起こした株は、バルブ全体にしわが寄り、葉は垂れて色やつやが悪くなります。ほうっておくと、やがて株全体が枯れてしまうこともあるので、まだ元気な部分だけ残して植え替え、株を再生させます。

バルブ全体にしわが寄り、葉が垂れて色やつやが悪くなった株。葉を握って持ち上げたら簡単に抜けた。黒くなった根ばかりで、白く健全な根が見あたらない（右）。古いバルブを触ると、ふかふかで簡単に外れるものもある（左）。根腐れを起こしているので植え替える。

植え込み材料をすべて落とす。黒くなって弾力のない根はすべて切り取る。根腐れの状態によって残る根の量が異なるが、短い貧弱な根も大切に扱う。

古くて弱ったバルブは切り捨て、葉のあるまだ元気の残っているバルブだけにする。

健全な株を分けたときよりも小さめの鉢を選び、残っていたわずかな根を傷めないようにていねいに植えつける。たっぷり水やりし、環境を整えた置き場で管理する。株の勢いが回復してくるまでの期間は、根腐れの状態によって異なるが、写真のような株なら半年ほどで勢いが回復する。肥料は翌春まで施さない。

1 月

置き場　ガラス越しの日光に当てる
水やり　乾いたら午前中に与える
肥料　施さない
病害虫の防除　暖かい部屋ではアブラムシに注意
植え替え　行わない

エンザンスプリング‘インザムード’
Cym. Enzan Spring ‘In The Mood’

今月の株の状態

12月に花や蕾つき株を入手した場合は、まだ花は咲き続けていて観賞できます。今月、花や蕾つき株を入手した場合も、以下で解説している管理を行い、長く花を楽しみましょう。

以前から株を持ち、昨年中育てていた場合は、品種や管理の仕方の違いなどにより、株の状態はばらばらです。花芽が少し見えだしてきた株、花芽が大きくなり花茎が見えている株、もう少したつと開花し始めそうな株などがあるほかに、まったく花芽が見えない株もあります。

今月の管理・作業

●最低温度15℃の場合

置き場　日中は、ガラス越しの日光か障子越しの少し弱い日光が3～4時間当たる場所に置きます。まったく日光の当たらない場所に置くと、蕾が開いたとき花色が薄くぼけた色になります。

明け方の最低温度が15℃ある場合、夕方から夜半にかけて（午後6～12時ごろ）の温度は21～22℃ぐらいのことが多いものです。これは株にとっても花や蕾にとっても好ましい温度ではなく、置き場に気をつけないと、花や蕾を傷めることがあります。シンビジウムは、夜から明け方にかけて13～15℃ぐらいの温度が株にも花にも適しているといえます。春の終わりから秋の終わりまでが成長期で、それ以降は休眠期となり、この間に花芽を伸ばして開花します。そのため、開花中は新芽があまり伸びないくらいの温度を保つ必要があります。その温度が夕方から明け方にかけて13～15℃ぐらいなのです。

もし夕方から夜半にかけ22～23℃ぐらいあった場合は、開花中の花の寿命が短くなるとともに、蕾は開かずに徐々に黄ばんで落ちてしまい、残った花茎も少しずつ黄ばんでしおれます。早く咲かせたいと考えて、夜間の温度の高い場所に置くと、かえって花蕾をだめにして、花を見ることができなくなるので注意しましょう。

蕾つき株を暖房のある室内に置くのはかまいませんが、温風が直接当たるようなところには置かないようにします。また、床暖房をしているところに置くと、極端に乾くため、小さな蕾が黄変して落ちることがあります。

暖かい空気は部屋の天井近くに集まりやすいので、シンビジウムを机の上などに飾ると、蕾の部分がちょうどこの温度の高いところに触れてしまい、これが原因で開かずに落蕾することもあります。温風暖房機で高い温度に保つ部屋では、夜間のみ床の上に置いたほうが温度の点では安心です。

水やり　植え込み材料の表面が乾いてきたら、中によくしみ込むように、鉢底の穴から水が流れ出るぐらいまでたっぷり与えます。なるべく午前中に行い、夕方からは行いません。シンビジウムはほかの洋ラン類に比べると冬でも水を必要とします。特に蕾がある株や花茎を伸ばしている株は水を欲しがり、このときに水不足にすると花のサイズが小さくなったり、伸びるべき花茎が短くなったりするので、水不足にしないようにします。

暖房機の温風が直接当たる場所や、床暖房している床の上に鉢を置くと、乾燥で小さな蕾が黄色くなって落ちてしまう。

夜間の温度が高すぎると、開花中の花の寿命が短くなり、花がすぐにしおれる。

植え込み材料の表面が乾いているかどうかは、植え込み材料を指先で触ってみるか、鉢の重さで確認するとよいでしょう。後者の場合、一度たっぷりと水を与えた鉢を持ち上げ、水分を含んだときの重さを覚えておき、ときどき鉢を持ってみて、極端に軽くならないうちに水を与えるようにします。

水は室温と同じくらいの水温のものを与えると根が傷みません。水道水は冬の間は冷たく、これをいきなり与えると根が傷み、株の勢いは衰えてきます。そこで水やりを行う予定のときは、あらかじめ水道水をジョウロにでも入れ、鉢のわきに置いておきます。2〜3時間放置しておくと、水温が室温と同じぐらいになるので、それから与えるようにします。

葉水は必要ありません。

肥料　温度が15℃あっても、根を傷めるといけ

水やりの仕方

水を張ったバケツに４～５分つける方法もある。複数の鉢を次々に同じバケツの水につけると、万が一病気の株があった場合、すべての株に病気が広がるので、１鉢ごとに水を替えるようにする。

株が盛り上がった感じの鉢の場合は、上から水を与えても流れ落ちてしまう。こうしたときは水を少しかけて表面をぬらし、その後本格的に水やりを行うとよくしみ込む。

ないので、冬の間は一切施しません。

病害虫の防除　暖かい室内では、花芽にアブラムシが発生することがあります。見つけしだい、適用のある殺虫剤を散布して駆除します。

●最低温度7℃の場合

置き場　夜、寝るまでは暖房し、寝る前に暖房を止めた部屋では、明け方5～7℃となることがよくあります。株を無事に冬越しさせるためにはほどよい温度です。こうした部屋は日中20℃ぐらいになるため暖かいように思いますが、夜間は温度が下がるため、夜の置き場に注意します。日中はよく日光の当たる窓辺や廊下などに置きますが、こうした場所は夜間の温度が下がりやすいので、夜は部屋の中央の机の上などに置くと、あまり温度が下がらず株の健康が保てます。

花芽の外側の皮を剥いて見たところ（実際には行ってはいけない）。中にはすでに蕾がある。

明け方、室温が低くなると考えられるときは、玄関に飾るのを避けます。暖房の入りにくい玄関は6～7℃より低くなることが多く、それによって花芽や株が傷むことがあるからです。5℃以下になると、株はまだ寒害を受けていなくても、幼い蕾は一夜で傷み、黒くなって枯れることが多いものです。

水やり　植え込み材料の表面が乾いてきて、触った指先に水気が感じられなくなったときに与えます。水やりは必ず午前中に行います。夕方から水やりを行うと、夜半、室温が下がってきたころにも鉢内に水が多く残り、これによって根が冷えて株全体を傷めてしまうことがあるからです。なお、水やりを行うときは、鉢底の穴から流れ出るぐらいたっぷり与えます。

肥料　施しません。開花中の株、花芽が少し伸びている株にも施してはいけません。

病害虫の防除　冬の間、6～7℃で冬越しさせた場合、病気や害虫の発生はまずありません。

●最低温度5℃の場合

置き場　株にとっても、花や蕾にとっても危険な温度です。特に幼蕾をもっている株は、この低温によって蕾がすべて黒くなって枯れます。冬の間、家を数日留守にするときによく起きるのが、この低温による失敗です。温度が下がりそうなときは、窓辺や玄関には置かず、すべての鉢を部屋の中央の机の上に集め、全体にビニールシートか新聞紙をかぶせて少しでも低温に当てないようにします。

水やり　低温の場所に置く予定の株は、水やりを数日前から行わず、植え込み材料を乾かし気味にします。水気があると寒さの害を受けやすいからです。なお、数日間、低温に当ててしまった株は次の日から最低温度が7℃の環境に置き、同じ管理を行います。株は次第に元に戻りますが、蕾はすべて寒さによって枯れてしまいます。

肥料　施しません。

病害虫の防除　今月は病気や害虫の心配はありません。

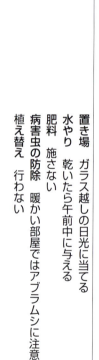

2月

置き場　ガラス越しの日光に当てる
水やり　乾いたら午前中に与える
肥料　施さない
病害虫の防除　暖かい部屋ではアブラムシに注意
植え替え　行わない

スプリングナイト‘ディープインパクト’
Cym. Spring Night ‘Deep Impact’

今月の株の状態

寒さが厳しくなる月です。日ざしが強くなり、日照時間が長くなりますが、月のうち数回は温度がぐっと下がることもあります。

昨年暮れから花を咲かせ続けてきた株は、およそ70～80日経過したことになるので、株を疲れさせないためにそろそろ花茎を切り、切り花として楽しみます。蕾が開きつつある株は、そのまま咲かせて観賞します。花芽をふくらませ、蕾が見えかかっている株は、寒さに当てないように努めます。花芽が出てこない株の場合、今年の開花は望めず、春以降、適切な管理を行って育て直すようにします。

今月の管理・作業

●最低温度15℃の場合

花は次々と咲いて満開になり、暮れに咲いた株のなかには花色が変わり、少ししおれかけているものもあります。

置き場　夜間も室温が高めの部屋に株を置き続けると、花が満開になると同時に新芽が伸び出してくる場合もあります。最低温度が18℃くらいのときには、ほとんどの株から新芽が出ます。新芽が出るのは株が元気な証拠なのでたいへんよいように思えますが、この時期に出てしまうのはあまりよくありません。通常は、春になり、昼間の時間が長くなってから新芽が発生し、これに日光が長く当たると株も充実して、花芽ができやすいものです。しかし2月に出てしまうと、まだ日照時間が短いため、出てきた芽は徒長してやたらに葉が長くなります。

そこで、花茎を切り終わった株はこうした温度の部屋には置かず、最低温度が7℃ぐらいの場所に移し、休眠させながら春を待つようにします。シンビジウムは電灯をいくら当てても株の充実にはあまり役に立ちませんから、自然の光が多くなる3月以降に新芽が伸びるよう、し

花が咲いている最中に、そのわきから新しい花芽が伸びてくることもある。この花芽も咲かせてよい。

ばらくは休ませておきます。

もし新芽が出てきてぐんぐん伸びるような場合は、できるだけ新芽に日光が当たるように置き場を決めます。ただし、日に当てようと戸外に出してはいけません。日ざしが強くなり、日照時間が長くなってはきても、戸外の風は冷たいため、鉢を戸外に出すと株を弱らせます。

今月に入って蕾を伸ばしてきた株は、夜間は暖房の風が当たらない場所に置くようにし、日中はなるべく、ガラス越しの日光が半日ぐらいは当たる場所に置きます。昨年1年間育て上げた株の場合は、今月ごろから開花するものが多いので、よく咲くように置き場には気をつけます。夕方から明け方まで15℃ぐらいを保てる場所では、蕾が黄ばむことは少なく、ほどよく伸びて開花します。しかし、これ以上温度が高いと蕾は黄ばまなくても花茎が間のびし、咲いたときの格好が悪くなります。またピンク系の花は、夜間13℃ぐらいを保つとピンクの花色がきれいに出ますが、最低温度が高まるとともに色が淡くなり、白花のようになります。

水やり　花茎が伸び、蕾が大きくなるときには水をよく吸うので、植え込み材料の表面が乾いてきたら午前中に水をたっぷり与えます。次の水やりは表面が乾くまでは行いません。

肥料　開花中の株、蕾が大きくなりつつある株、花が終わり花茎切りした株のいずれにも一切施しません。

病害虫の防除　暖かい室内では花芽にアブラムシが発生することがあるので、見つけしだい適用のある殺虫剤で駆除します。

花茎切り　シンビジウムの花は置き場の条件がよければ100～120日ももちます。しかし、1つの株から花茎が3～5本も立ち、さらに120日も咲かせてしまうと、株の力が弱ってきます。そうなると、春になって発生してくる新芽は弱々しくなり、その後の生育もよくありません。次年度は花が咲かないこともあります。そこで、開花から80～90日楽しんだら、花茎を根元から切って株の負担を軽くしてやります。

●最低温度7℃の場合

1月と株の様子は変わりません。花芽は先月に比べるといくぶん伸びかけてはいますが、本格的な成長は3月に入ってからとなります。

置き場　日中はなるべくガラス越しの日光に半日ぐらいは当て、室温の下がる夜間は部屋の中央の机の上に置き、少しでも保温ができるようにします。

水やり　植え込み材料の表面が乾いてきてから水を与えます。乾き具合は株ごとに異なるので、

●花茎切り

花茎を切る際にハサミを斜めにして使うと、バルブを傷つけることがあるので注意する。

バルブや新芽に注意して、ハサミを水平にして花茎を切る。

何鉢もある場合は植え込み材料に指で触れて乾き具合を確かめ、乾いた株のみに与えます。水やりは午前中とし、夕方からは与えません。鉢内が湿りすぎているときに低温にあうと害が出るからです。

肥料　施しません。花芽が伸びてきた株を見ると施したくなりますが、冬の間は一切施しません。

病害虫の防除　伸び出した花芽にアブラムシが発生することがあります。見つけしだい、適用のある殺虫剤で駆除しましょう。

支柱立て　花茎が伸びてきた株には、早い時期に支柱を立てて誘引し、花芽が倒れ込んだ形にならないようにします。花茎には株に対して直角に出てくるものもあり、ほうっておくと床と並行する形になってしまいます。花芽が伸び、筒状の部分から蕾が顔を出し、3～4㎝伸びた

花芽の外側の皮を剥いて見たところ（実際には行ってはいけません）。中にはすでに蕾がある。

あわてて誘引すると、花芽を折ってしまうこともある。花芽から少し花茎が伸び出し、誘引しやすくなるまで待って行うようにする。

ころから支柱を立て、咲いた姿がよくなるように誘引します。なおシンビジウムには、花茎がやや斜め上に上がるタイプと、下垂するタイプとがあるので、誘引の仕方を間違えないように注意します。

●最低温度5℃の場合

置き場　寒さの害を一番受けやすいのは若い蕾、新芽などなので、こうした状態の株は夜間少しでも保温のできる場所に置きます。一度低温の害を受けると株全体が衰弱し、春になっても新芽が出なかったり（初夏には出る）、芽が黒くなって凍死状態になり、花芽が出てこなかったりします。また、開花中の花にも、花の寿命が短くなるなどの悪影響が出ます。

低温になりやすい場所は窓辺、日光のよく当たる廊下、玄関、風呂場などです（家庭以外ではショーウィンドーや、店の出入り口付近）。朝方の低温が予想されるときには、こうした場所から夜だけ株を移動させ、部屋の中央付近の机の上などに置き、ビニールもしくは古新聞を株全体にふわりとかけておくと、寒害を少し防ぐことができます。

水やり　低温が予想されるときは、多少乾いてきても水やりをせず、暖かい日がくるまで待ちます。冬の間、低温にあうと完全休眠の状態になって水を吸わないので、水やりを数日延期しても差し支えありません。葉水も与えません。

肥料　一切施しません。

病害虫の防除　今月は病気や害虫の心配はありません。

支柱立て

初冬に伸び出した花芽が、2月過ぎから急に成長する株もあります。花芽が自然に上に伸びるタイプには行わなくても大丈夫ですが、真横に伸びるものには支柱を立てて誘引し、見栄えよく仕立てます。支柱立ては、花芽が伸び、筒状の部分から蕾が顔を出し、花茎が3～4cm伸びたころからが適期です。

花茎が出ているバルブの際に、洋ラン用の支柱（直径3mm程度）をさす。倒れないように、底までさし込む。

支柱が長すぎる場合は、花茎の伸びを考慮して、余分な部分をペンチなどで切る。

折れないように花茎を持ち上げ、ビニールタイで支柱に結束する。1回で立てることが難しければ可能なところまでにし、2～3日後にもう一度行う。

支柱には最低でも2か所以上は結束する。花茎が太ってきたときにくびれないように、必ず少し余裕をもたせて結ぶ。

●下垂タイプの場合

適期は、直立タイプと同様、筒状の部分から蕾が顔を出し、花茎が3～4cm伸びたころです。

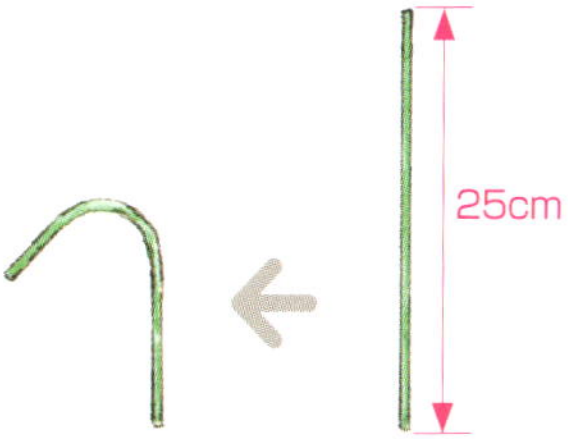

①洋ラン用の支柱（直径3mm程度）を長さ25cmほどに切って曲げる。

その後、自然に下垂するにしたがい支柱に誘引し、もう1か所くらい結んでおく。

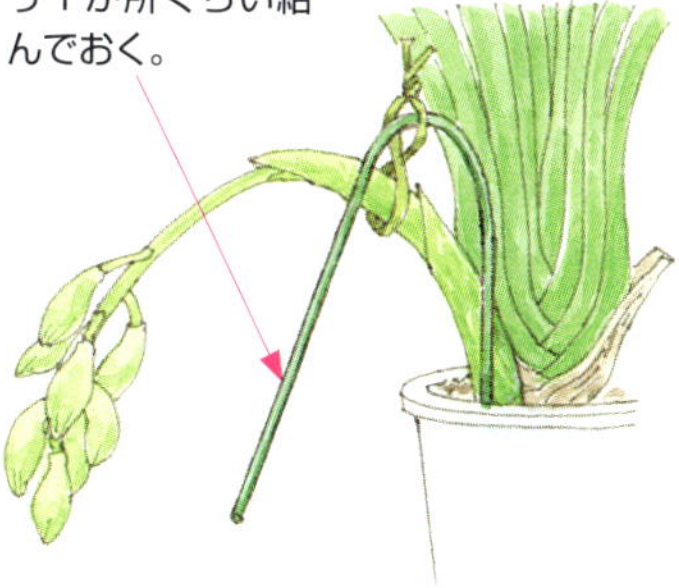

②花茎近くの鉢壁沿いに曲げた支柱をさし、ゆとりをもたせて結束する。

支柱でけがをしないように、支柱の先に市販の支柱キャップをつけるか、ビニールテープなどを厚めに巻いておくとよい。

誘引後も、花茎が伸びて必要になったら要所をビニールタイで結束する。

3月

置き場　ガラス越しの日光に当てる
水やり　乾いたら午前中に与える
肥料　施さない
病害虫　アブラムシに注意
植え替え、株分け　下旬から可能

グレートキャティ ‘ピンクエンゼル’
Cym. Great Katy ‘Pink Angel’

今月の株の状態

気温が高くなり日ざしも強くなると、株の様子が変わります。冬の間、最低温度15℃で管理した株は新芽をぐんぐん伸ばし始めます。また、冬の間に伸びていた花茎が咲き始める株も出てきます。気温が上がってくると、花茎が急にするすると伸びてきます。その一方で、冬の間眠っているような状態だった花芽が、暖かさに誘われるように伸び始める株もあります。このように今月は冬越しの温度によって、生育に差があるのが特徴で、この状態によって手入れが変わってきます。

今月の管理・作業

●最低温度15℃の場合

花が終わり新芽が伸び始めています。

置き場　室内のガラス越しの日光がなるべく長く当たるところに移します。夜間もそのままでかまいません。春の彼岸を過ぎると暖かい日もありますが、まだ戸外には出せません。風の少ない暖かな日の日中に鉢をベランダに出し、水を与えることはかまいませんが、1時間以内に部屋に戻しましょう。うっかり気温の降下する夕方まで置いて、ここで寒さに当ててしまうと、少し伸び始めた新芽は成長を止め、そのまま40～50日間は伸びず生育が遅れます。日中の暖かさに惑わされないようにします。

水やり　新芽が少し伸び出した株は、冬の間に比べると水の吸い方がよくなり、与えた水は今までより早く乾くようになります。乾いてきたら与えるのは冬と同じですが、乾きが早くなり水やりの回数はふえます。水は水道水を直接与えても支障はなくなりますが、与えるのは冬の間同様午前中がよく、夕方からの水やりは避けます。1回に与える水の量は、鉢底の穴から流れ出るぐらいたっぷり与えます。葉水を与える必要はありません。

肥料　新芽が伸びてくると施したくなりますが、まだ施しません。施すのは4月下旬からです。今の時期に出た新芽はバルブの中に蓄えられていた養分によって伸びてきています。まだ新根は出ていないので、もう少し待って新根が伸びてから施したほうが肥料の吸収がよく、新芽の成長も活発になります。早く施しても根の活動は弱く、根を傷めることもあるので注意しましょう。

病害虫の防除　花芽にアブラムシが発生することがあるので注意します。

花茎切り　冬の間咲いていた花は色あせて観賞価値がなくなるので、花茎を根元から切り取ります（61ページ参照）。

古葉取り　黄ばんだ葉が目立つようになります。毎年、新芽が伸びるようになると、一番古い葉は自然に黄ばんで落ちます。古いバルブの下のほうから葉が少し落ちてきても、これは病気や害虫によって起こったものではないので、何も心配いりません。栽培の間違いでもありません。新しい葉と古い葉の交代ですから、枯れた葉を取り除くだけで大丈夫です。

植え替え、株分け　株が鉢いっぱいになり倒れそうになったものは、今月下旬ごろから植え替えが可能です（34ページ参照）。しかし、あま

●古葉取り

枯れた葉は取り除く。軽く引っ張ると簡単に抜ける。

春の成長期となり新芽が伸び始めると、昨年以前に伸びた古い葉が黄ばみ始め、やがて褐色に枯れる。自然な落葉なので心配はない。

りあわてて植え替えるのは株のためによくありません。植え替えは、植え替え直後に新根が出てくる時期を見計らって行うことが大切です。早く植えても新根がすぐに出ないと、株が弱ることもあるからです。新根は昨年秋に完成した新しいバルブから出るので、ほんの少し伸びたのを確認してから植え替えすると成功します。

株分けは、株の勢いが一時的に弱るため、もっと気温が高くなる4月に行います。

シンビジウムの新根（実際は鉢から抜いて調べてはいけない）。植え替えは、作業直後にこの新根が出る時期を見計らって行う。

●最低温度7℃の場合

花芽が伸びたり、花が咲き始めています。

置き場　ガラス越しの日光が当たる室内に終日置きます。冬のように明け方、窓際が2〜3℃に下がることはなくなるので、鉢の移動についてあまり気をつかわなくてもすみます。ただし、夜はまだ暖房する時期なので、温風が蕾に当たらないよう気をつけましょう。温風に当てても株は傷みませんが、蕾が黄ばんで落ちてしまいます。暖房のある室内よりも、むしろ日光のよく当たる廊下に置きっぱなしのほうが落蕾しません。また、鉢を戸外に出して冷たい風に当ててしまうと、蕾が黄ばんで落ちることがあるので、戸外に出すのは避けましょう。

水やり　花茎が伸び、蕾が少しずつ大きくなりつつある株は、水を大量に吸います。指で触ってみて指先に水気が感じられなくなったときに

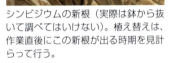

暖房機の温風が直接当たったり、夜間の温度が高すぎると、せっかく出てきた蕾が成長途中で黄色くなったり（右）、開花途中でも開かずに黄色くなったりする（左）ので注意。

は、すぐに水を与えるようにします。花茎が伸びている間に水不足にさせると、花茎が短くなりやすく、開花したときの姿が悪くなります。水やりの時間は原則として午前中がよく、鉢底の穴から流れ出るぐらいたっぷりと与えます。

肥料　花芽が伸びたり、花茎が長くなってきても肥料は施しません。根はまだ眠っているので施しても吸収せず、かえって根腐れの原因になります。

病害虫の防除　伸びた花芽にアブラムシが発生することがあるので注意しましょう。

支柱立て　花茎が斜め上に伸びれば心配はないのですが、なかには横に伸びる花茎も出てきます。こうした花茎はある程度伸びたところで支柱を垂直に立て、これに誘引しておくと、花茎はまっすぐ上に伸び、開花したときの状態もよくなります（64ページ参照）。

植え替え、株分け　花が咲き終わったあとに行うので、今は行いません。行ってもすぐに新芽は出ず、株が衰弱してかえって生育が遅れ、失敗します。鉢が倒れて割れた場合でも植え替えはせず、一回り大きな鉢にそっと入れて二重鉢にし、植え替えの適期まで待ちましょう。

●最低温度5℃の場合

冬の間、花芽が出なかった株に今から花芽が出ることはほとんどなく、今月以後は新葉を出して新しい成長を始めます。そのため、3月以降の手入れについては最低温度7℃の管理に準じます。来年咲く花芽は、春から秋までの間の成長期間中にできるので、今年咲かなくても今後の手入れさえしっかり行えば、来年は咲かせることができます。

バックバルブは必要なのか

鉢植えを入手したときは、バルブ（茎）にはみな葉がついていて、そこから花茎も伸びているのでたいへん格好がよいものです。しかし、1年たつと古いバルブの葉は次第に落ちて丸坊主になり、さらにもう1年たつと、丸坊主のバルブ（バックバルブ）が鉢の中央に目立つようになります。

こうなると、バックバルブを取り除いたり、株分けして葉のあるバルブだけ残したくなりますが、それはよくありません。じつはバックバルブには養水分が蓄えられていて、新芽が伸びるときにその養水分が使われます。葉が落ちてから1年間は除去しないようにしましょう。

市販の株に古いバルブがあまりないのは、小苗から育て上げ、最初の花が咲いたときに販売されているからです。

4月

置き場　下旬から戸外の30～40％遮光下
水やり　植え込み材料の表面が乾いたら与える
肥料　下旬から液体肥料と固形肥料を施し始める
病害虫の防除　ハダニやアブラムシの発生に注意
植え替え、株分け　適期。必要な株は行う

ファンタスティックガール'リンダ'
Cym. Fantastic Girl 'Linda'

今月の株の状態

花が先月までで終わり、その後新芽を出して少しずつ伸ばしている株、開花中の株、また蕾はあっても開花しておらず、今月末から来月にかけて咲く株もあります。花茎が伸び、蕾が開きながら、新芽を伸ばし始めている株があるのも今月の特徴です。株の生育状況の違いが大きく、手入れをするときにどうしたらよいか困ることもあります。しかし、いずれにしてもこれから伸びる新芽は昨年完成したバルブの基部から出てくるので、これらを見つけしだい本格的

な栽培に入ります。また、新芽や新根を出し始めるときを見計らって植え替えや株分けを行う時期でもあり、作業の多い月といえます。

今月の管理・作業

●最低温度15℃の場合

花はなく、新芽や新根が伸びています。

置き場　ヤエザクラが咲くころまでは、暖かい日と気温の低い日とが交互にやってくるため、まだ終日、戸外に出してはおけません。ただし、新芽がぐんぐん伸びてきた株の場合は、今月下旬から戸外に出して育てないと、出てきた芽がいたずらに伸びすぎ、長くぐったりとした葉ができ上がります。シンビジウムは、最低気温が12℃以上あれば戸外に出したほうが生育はよく、株も充実して秋には花芽がしっかりでき上がります。水や肥料も大切ですが、一番気をつかうべきは日光の当て方と当たる時間、風通しです。

戸外に鉢を出し、直射日光にいきなり当てると、冬の間、暖かくて日光不足の室内にあった株は葉が弱いため、半日で日焼けを起こします。このため、直射日光が半日は当たるところを置き場にしますが、遮光率30〜40％の遮光ネットを張り、その下に置くようにすると日焼けの心配がありません。新芽の成長する春から秋までに100〜120日間、少なくとも1日5〜6時間、遮光した日光が葉の表面に当たらないと株が充実しません。

なお、地面に直接鉢を置くと、強い雨のときに葉裏に泥がはね返ることがあります。これを避けるために、台やすのこ、ブロックを並べた上などに置くようにします。ベランダでもコンクリートの上に鉢を直接置くのは、夜間も熱

4月

がコンクリートから放出されるので避けましょう。この場合もすのこを敷いて、コンクリートの熱が直接伝わらないようにします。

鉢の並べ方も、花芽ができるかどうかに影響します。鉢と鉢を近づけすぎると、新芽がぐんぐん伸びたとき、隣接する株の葉と葉が重なってしまいます。こうなると葉は徒長して、施した肥料はいたずらに伸びる葉に使われてしまい、花芽ができないか、できても貧弱なものになります。理想的な鉢と鉢との間隔は、葉と葉がほんの少し触れる程度です。通常のシンビジウムの場合は1～1.3mぐらいの間隔となります。このくらいあけると、今年伸びる新しい芽はやや直立形になって伸びるため、しっかりと日光を受け止め、葉は垂れずに短くがっちりとし、その結果、花芽が多く発生します。

水やり　成長が盛んになると水をぐんぐん吸う

●遮光の仕方

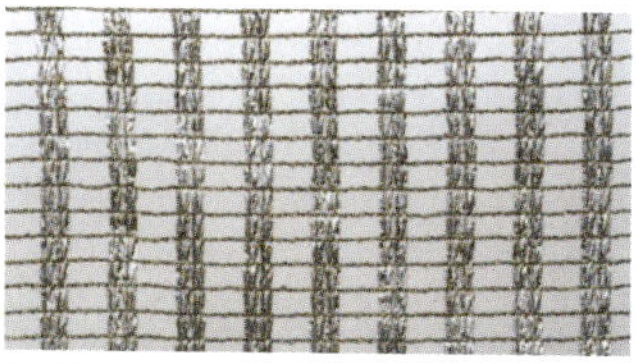

遮光ネットにはいろいろな種類があるが、シンビジウムには写真のような遮光率30～40%のものを用意する。ネット自体が熱を吸収しにくい銀色やグレーのネットがよい。

遮光ネットは、太陽が移動しても直射日光が当たることがないように、置き場を十分に覆うように張る。特に南側と西側は広めにとり、ネットを垂らすようにするとよい。また、ランと遮光ネットの間が十分にあくようにできるだけ高めに張る。

ので、植え込み材料の表面が乾いてきたらすぐに水やりをします。シンビジウムは水を好むので、雨に当てっぱなしでかまいません。

肥料　戸外に移すのと同時に肥料を施し始めます。肥料は液体肥料と固形肥料を併用します。

液体肥料は、チッ素分とリン酸分の多いものを規定の倍率にして、週1回の頻度で秋まで施します。固形肥料は、油かす主体の固形肥料か、洋ラン専用の粒状の緩効性化成肥料などを規定量、植え込み材料の上に置きます。効果が出るためには定期的にきちんと施すことが大切です。

病害虫の防除　そろそろハダニが出始めます。なるべく倍率の高い拡大鏡を用意してハダニの有無を調べ、少しでも発見したときには殺ダニ剤を散布して駆除します。今月はまだふえにくいので、早めの駆除が効果的です。

●株間が十分にとれないときの鉢の並べ方

置き場の都合で株間が十分にとれないときは、交互にシンビジウムの鉢の下に空鉢などを置いて並べると、徒長はいくらか避けられる。ただし、上のほうの株には日光がよく当たるが、下のほうの株にはあまり当たらないので、1か月ごとに空鉢の上の鉢と空鉢なしの鉢を置き換え、平均してどの鉢にも日光が当たるようにする。

春の芽かき　株を戸外に出すときに必ず行わなければいけないのが芽かきです。株をよく見ると、昨年完成したバルブから新芽が次々と出ています。多いときは6号鉢（直径18㎝）植えの株の場合で7〜8本出ています。この新芽をすべて育てようとすると、いくら肥料を施しても、それぞれの新芽に分散してしまい、どの新芽も花芽をつくるだけの力がつくほど大きくなれません。例えば新芽の数が8本で、それぞれが7枚の葉を出したとすると、秋までに56枚の葉が茂ることになり、その結果、葉ばかり茂って花芽は1本もない状態になるわけです。

そこで、春に残す芽と折る芽とを選び、不要なものはすぐに折り取ります。こうした場合に残す芽は、6号鉢で3本とし、それぞれ違う方向に伸びるものを残します。例えば7本の新芽が出ていたときは、4本折って3本だけ残します（78ページ参照）。

芽かきでは、残す芽が片寄らないように注意して、不要な芽を折り取る。

植え替え、株分け　今月が適期です。新芽や新根が伸び、鉢いっぱいになっている株のみを対象に行います（34、44ページ参照）。

●最低温度7℃の場合

開花中で少し新芽が伸びています。

置き場　開花している場合は、室内で観賞してもかまいません。株が弱らないように、ガラス越しの日光が半日は当たる場所に置きます。葉がガラス面に触れるとその部分が日焼けするので、ガラス面から20㎝以上離して置くようにします。部屋の奥のほうに飾る場合は、週に1〜2日間とし、あとは日光に当てます。室内に置くのは今月末までとし、5月以降は必ず戸外で管理します。

水やり　開花中の株や新芽が伸び始めている株は、水をよく吸うようになります。植え込み材料の表面が乾いてきたらすぐに水を与えます。水道や井戸の水をそのまま与えてよく、鉢底の穴から流れ出るぐらいたっぷり与えます。

肥料　まだ施しません。肥料は急いで施さず、新根がしっかり出てから施すようにします。開花中の株は新根の出てくるのが遅いため、肥料は5月に入ってから施すようにします。

病害虫の防除　ハダニの発生が始まり、蕾にアブラムシが発生することもあります。ハダニは葉の裏を拡大鏡で見ないと発見しにくいものです。これらの害虫を発見したときは、すぐに適用のある殺虫剤や殺ダニ剤を散布します。ハダニは葉裏につくので、葉裏にしっかりと散布します。なお、シンビジウムなどの洋ラン類には、粒状の殺虫剤は使いません。

春の芽かき　開花中の株ではあっても、春になると新芽は出てくるので、芽の数を調べ、多ければ芽かきをして新芽の数を整理します（78ページ参照）。

植え替え、株分け　花が咲いているものは、今月いっぱいは花を楽しんでもかまいませんが、5月に入ったら早めに植え替えます。株分けも同様です（34、44ページ参照）。

春の芽かき　適期＝4〜5月

春に出てくる芽はほとんどが葉芽で、ほうっておくと葉ばかり茂った株になり、花芽が出なくなります。そこで新芽の数を減らすために芽かきを行います。

葉芽がたくさん出てきた株は、ほっておくと秋に花芽がでなくなってしまう。

１株に３芽ほど残して葉芽を折り取る。ここでは２つの葉芽（矢印）が重なって伸びているので、手前の芽を取る。

芽はつけ根付近に指をかけて折る。芽の先のほうをつまむと（上）、芽の途中で折れてしまい（中）、芯が残る（下）。芯が残っていると、再び葉が伸び出す。

葉芽はハサミで切り取ってもよい。上のほうで切ると、芯が残る（上）。できるだけつけ根で切れば（中）、芯まで切ることができる（下）。

余計な葉芽を取り終わった株。上から見ると、重なって伸びている葉芽がなくなり、一芽一芽の伸びるスペースが十分確保できている。

葉芽を取り終わった株。気温の上昇とともに残した葉芽がぐんぐん成長する。

5月

置き場　戸外の30〜40%遮光下
水やり　晴れたら毎日与える
肥料　週1回液体肥料／油かす主体の固形肥料なら月1回施す
病害虫の防除　ハダニ、カイガラムシ、黒点病
植え替え、株分け　中旬までに済ませる

エンザンスプリング‘ハレルヤ’
Cym. Enzan Spring ‘Hallelujah’

今月の株の状態

戸外でほどよい日光を浴び、新芽をぐんぐん伸ばし、新根も出しかけている株があるほか、開花中で室内に置いている株もあるなど、すべてのシンビジウムが同じ状態ではありません。しかし花の咲いている株であっても、新芽を出し始め成長期に入りつつあることがわかった株は、戸外に出して管理を始めます。

冬越しの最低温度などにより生じる生育差に応じて管理を多少変えるのは今月までで終わり、6月から10月までは同じ管理で育てます。

日焼けで白っぽくなった部分は、時間がたつにつれて黒っぽく変色する。見苦しければ、変色した部分は切り落とす。

日焼けを起こした葉。初めは焼けた部分が白っぽくなる。こうなってしまうともう元には戻らない。

今月の管理作業

●最低温度15℃の場合

置き場　戸外の直射日光が毎日5〜6時間は当たる場所に、遮光率30〜40％の遮光ネットを張って強光線を防ぎ、その下に置きます。遮光せずに半日直射日光の当たるところに置くと、ときとして葉が日焼けしてしまいますから、必ずネットを使用します。ネットを張る代わりに庭木の木陰に置いたりすると、日光不足となり、葉ばかり長く伸びて花芽ができないこともあるので、こうしたところに置いてはいけません。

また、鉢と鉢との間隔は、葉と葉がほんの少し触れる程度にゆったりとるようにします。鉢と鉢とがくっつくくらいに置くと、葉ばかり長くなって花芽はできません。

なお戸外に出さず室内に置きっぱなしにしたのでは、株は茂りますが花芽はできにくいので、秋の終わりまでは戸外に出します。

水やり　新芽の成長にともない、水をよく吸います。晴天続きのときは毎日、あるいは1日おきに与えていないと水不足になることもあります。雨にはどんどん当てて差し支えありません。水やりの時間帯は午前中でも日中でもよく、水道の水をいきなり与えても、もう大丈夫です。

肥料　4月下旬から9月までの間は肥料の必要な時期です。新芽がぐんぐん伸びるときには肥料も欠かさず施します。一般的な施し方としては、液体肥料と固形肥料の2種類の肥料を併用します。

液体肥料は規定の倍率になるよう水に溶かしたり、水で薄めたりして週1回、水やり代わりに施します。この肥料だけでは足りないので、油かす主体の固形肥料や洋ラン専用の粒状の緩効性化成肥料を別に施します。これらは植え込

●肥料の施し方

固形の肥料は、油かす主体の固形肥料でも、洋ラン専用の粒状の緩効性化成肥料（写真のもの）でも、新芽から離れたところに置く。もし株が鉢いっぱいで置き場がなければ、バルブとバルブとのすき間にのせておいてもよい。

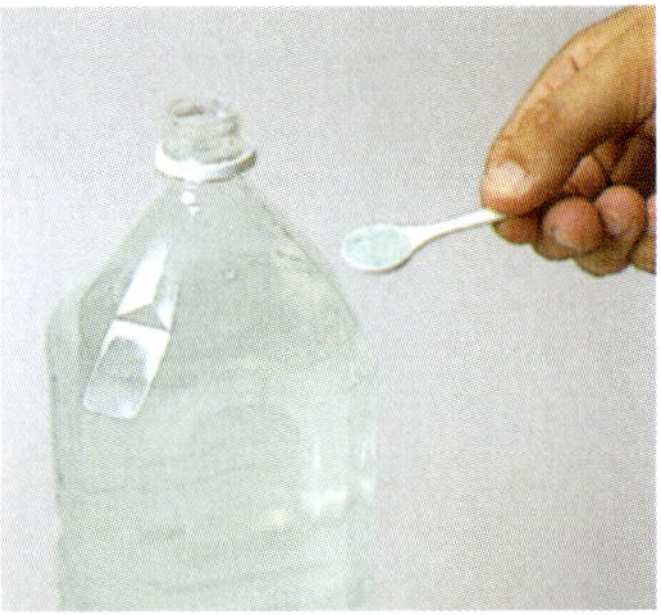

液体肥料には、粉末で水に溶かして使うタイプ、液状で水で希釈して使うタイプなどがある。溶かしたり、希釈したりするときは、肥料はもちろん、水もペットボトルなどを利用してきちんと量ること。施すときはジョウロなどに移し、水やり代わりに与える。

み材料の表面に置く（置き肥）だけでよく、あとは水やりのたびに、水が肥料を溶かして根がこれを吸う、という仕組みになっています。油かす主体の固形肥料なら、直径が100円硬貨くらいのものを6号鉢で6個を目安に、洋ラン専用の粒状の緩効性化成肥料なら規定量施し、肥料の効果が切れる前に新しいものと交換します。油かす主体の固形肥料は効果が約1か月間なので、月1回交換することになります。洋ラン専用の粒状の緩効性化成肥料には3〜6か月間効き続けるものもあり、その場合は今月1回施すだけですみます。

病害虫の防除　だんだん害虫がふえるときです。シンビジウムには株を一気に枯らすような病気や害虫はまずないので、この点はほかの園芸植物より安心です。しかし、ハダニやカイガラムシ、黒点病などの発生を見ることもあるの

5月

●薬剤散布の仕方

薬液の散布は、薬害が発生するおそれのある気温の高い時間帯を避け、朝か夕方の風のないときに行うようにする。薬液を吸い込んだり、体に触れたりしないようにマスクや防護メガネ、手袋などを必ず身につける。

殺虫剤や殺菌剤の薬液をつくるときは、薬液はスポイト、水はビーカーなどで正確に量って、適正な倍率に希釈する。薄いと効果がないし、濃いと薬害が発生することもある。

で、早めの発見、早めの防除を心がけます。薬剤散布は午前中早くか夕方にし、日中の気温の高いときは避けます。

植え替え、株分け　4月中に行えなかった株は、今月中旬までに大至急行います（34、44ページ参照）。

●最低温度7℃の場合

置き場　花が咲いている株は室内に飾ってもかまいませんが、それは今月中旬までとします。それ以後はすぐに戸外に出し、遮光ネット（遮光率30～40％）越しの日光が毎日5～6時間当たる場所に置いて管理します。

水やり　水を旺盛に吸ってすぐに乾くようになります。植え込み材料の表面が乾いてきたらすぐに水やりしましょう。雨にも当てます。

肥料　秋までの間が成長期なので、この間はどんどん施します。まず液体肥料を週1回施します。液体肥料を施した日には水やりは行いません。この液体肥料だけでは養分が不足するため、油かす主体の固形肥料や洋ラン専用の粒状の緩効性化成肥料を施します。油かす主体の固形肥料は月1回の割合で、100円硬貨くらいの固まりを6号鉢で6個置き肥します。洋ラン専用の粒状の緩効性化成肥料で3～6か月ほど効果が持続するものなら、規定量を今月1回施せば、あとは秋まで液体肥料だけで大丈夫です。

病害虫の防除　今月からは黒点病が出たりハダニが発生したりします。見つけしだい適用のある薬剤を散布して防除します。通常は週1回の割合で3～4回散布します。

花茎切り　まだ花が咲いている場合は、5月中旬まで観賞することとし、それ以後は花茎を切って切り花として楽しみましょう。シンビジウムの花は暖かいこの時期でも60〜80日間観賞できます。もし5月早々に咲き始め、70日後まで花を楽しむとなると、7月10日ごろまでは花の観賞のみとなります。こうなると新芽の発生も遅れるうえ、肥料も花が咲いている間は施さないのが普通なので、今年の成長は思わしくなく、株が充実できなくなるからです。花茎を切ったらすぐに戸外に出して管理しましょう。必要ならば植え替えもすぐに行います。

春の芽かき　室内で花を観賞していて、まだ芽かきを行っていなかった株は、中旬までに済ませましょう（78ページ参照）。

植え替え、株分け　本来は4月下旬に行うべきですが、花が咲いていたために遅れたような場合は大至急行います（34、44ページ参照）。植え替えは、5月中旬ごろまでに済ませれば、以後の株の回復もよく、秋に花芽が出てくる確率は高いです。なお株分けは、植え替えよりも株の回復に時間がかかるので、5月上旬までに終えないと、次年度は開花せず1年休みになることが多いようです。

芽かきをしないまま成長してしまった葉芽。急いで不要な芽は折り取る（78ページ参照）。

6月

置き場　遮光ネットを外し、雨にも当てる
水やり　乾いたらすぐ与える
肥料　3〜4日に1回液体肥料／油かす主体の固形肥料なら月1回
病害虫の防除　ハダニ、黒点病
植え替え、株分け　行えるが、なるべく避ける

ピュアプロポーズ‘ウエディング’
Cym. Pure Propose ‘Wedding’

今月の株の状態

春に出てきた新芽は、この時期ぐんぐん伸びます。梅雨の時期はシンビジウムにとって好ましい天候です。気温は最高で30℃ぐらいまでしか上がらず、最低は15℃以上あり、そして多湿で雨が多い環境が、新芽が成長するときの条件にぴったり当てはまるためです。シンビジウムの栽培は、梅雨のときに大きく育てることが成功への道です。

5月までは冬越しの最低温度などの条件によって異なる生育の具合ごとに管理を多少変えま

したが、今月から10月まではすべての株を同じ管理で育てます。

今月の管理・作業

置き場　戸外の直射日光が毎日5〜6時間は当たる場所に置きます。雨に当てたほうがよい場合が多く、室内で夏越しさせると花芽づくりがうまくできません。

梅雨時期は曇りや雨の日が多く、日照量が少ない時期なので、できれば梅雨が明けるまで遮光ネットを天候に合わせてつけたり外したりしたほうが株の充実には適しています。しかし、梅雨の晴間の日ざしは意外に強く、外しているときに晴天になり葉に直射日光が当たると、日焼けを起こしてしまいます。こまめにつけたり外したりの管理ができない場合は、遮光ネットはつけたままにしておくのが無難です。

水やり　梅雨入り前は気温も5月に比べると上がり、水を吸う力も強くなるため、晴天で風のある日などは1日で乾いてしまうこともあります。植え込み材料の表面が乾いてきたら、鉢底の穴から流れ出すくらいたっぷり水を与えます。

梅雨に入り毎日雨が降ると水やりの必要は当然ありませんが、空梅雨の年は水やりをしっかり行わないと新芽は伸びず、来年は花が咲かなくなります。雨不足のときは、鉢内だけでなく株全体にも水を与え、さらに鉢の周囲の地面やベランダなどにも散水します。

水は水道水を直接与えればよく、与える時間は午前中にします。

肥料　今月の手入れで一番苦労するのが肥料やりです。液体肥料を週1回施したくても、雨続きのときには行えません。施しても雨ですぐに流れ出してしまうからです。こうしたときは、雨と雨の間を見て施します。雨上がりに施すと鉢内は大量の水を含んでいて、1000倍に薄めて施しても1500倍くらいの薄さになります。そのため、この時期には週1回ではなく3～4日ごとに雨上がりの時間を利用して施すと、たいへん効果が上がります。

油かす主体の固形肥料は、5月に施した日から数えて1か月たったときに再び施します。このときは以前に施したものをまず取り除き、新しい固形肥料を植え込み材料や株の上にのせ替えます。施す量は100円硬貨大のものを6号鉢で6個が目安です。洋ラン専用の粒状の緩効性化成肥料で3～6か月ほど効果が持続するものなら、替える必要はありません。

病害虫の防除　梅雨どきは多湿のうえ、温度もほどほどにあるため、病気の発生に注意が必要

●再萌芽した新芽の処理

再び伸び出した新芽は、つけ根から芯を残さないように折り取る。

梅雨のころになると、春に芽かきをした芽の跡から、新芽が再び伸び出すことがある。

な時期です。シンビジウムはほかの洋ランに比べると病気の種類が少なく、病気にかかることも少ないうえ、たとえ病気にかかっても株が枯れてしまうことはほとんどありません。しかし、花が咲いたときに病気にかかって葉が汚いと美観の点でがっかりしますから、やはりしっかりと防除します。

葉に生じた黒点病と思われる病斑。できてしまった病斑は消えないので、発生させないよう予防が大切。

葉のあちこちに黒い点が見られたら黒点病です。病気の広がりを防ぐために、雨の合間に適用のある殺菌剤を散布しましょう。散布してすぐ次の雨が降ったとしても、散布しなかったときと比べると病気にかかる率はぐっと低くなります。

害虫で一番被害を及ぼすハダニは、梅雨のときにはあまり発生しません。しかし、葉裏を拡大鏡で見て、もしハダニがいたら適用のある殺ダニ剤を散布して駆除しましょう。

植え替え、株分け 可能ですが、なるべく避けます。今月行っても、株の勢いが元に戻るまでに時間がかかるため、秋までに充実した株にならず、花芽が出ない可能性が高くなります。根腐れを起こしたり、鉢を割ったりしてどうしても必要な場合のみ行いましょう。

6月

スイートスノー‘明るい未来’
Cym. Sweet Snow ‘Akarui Mirai’

7月

置き場　戸外の30～40%遮光下
水やり　乾いたらすぐ与える／葉水
肥料　週1回液体肥料／油かす主体の固形肥料なら月1回
病害虫の防除　ハダニ、ナメクジ
植え替え、株分け　行わない

今月の株の状態

今月中旬には梅雨明けとなり、急に強い日ざしが照りつけます。また気温もぐんぐん高くなり、シンビジウムにとってはあまり好ましい環境とはいえないので、管理の仕方を工夫します。

梅雨明けのころのシンビジウムは、多くの場合、春に出た新芽の新しい葉が5枚前後で、新芽の草丈は中～大輪系なら30㎝ぐらいにはなっています。新しい根も、ところどころ目で見えるところにも出ていて、現在成長期の最中であることがよくわかります。これから10月までの間に新しい葉が7〜8枚となり、葉のつけ根のところにできる新しい茎（バルブ）が太ると花芽ができますから、これから数か月間の手入れがとても大切です。

今月の管理・作業

置き場　梅雨明けまでは、戸外の直射日光が毎日5〜6時間は当たり、雨にも当たる場所に置きます。遮光ネットの遮光率は梅雨前と同じ30〜40%でかまいません。

梅雨明け後、急に日光が強くなり、気温も高くなるので、置き場の環境を改めてチェックしましょう。まず毎日5〜6時間の日光が葉に当たる場所かどうかを確認します。すっかり茂ってしまった庭木の下、ブドウやフジの棚下などは、日光不足になり、葉ばかり長く茂って花芽は出てこないか、出ても1〜2本になるので置

●不良な置き場で管理された株の例

旺盛に伸びる新芽の根元には、新根が目で見えるところにも出ている。

春に伸び出した新芽（葉芽）は、7月下旬までには30cmほどに伸びている。

●不良な置き場で管理された株の例

日陰に置いたか、鉢と鉢の間隔を十分にとらなかったために葉が徒長し、垂れた株。遮光した日光には十分当てることが大切。

遮光ネットの不備で梅雨明け後の強い日ざしを受け、ひどい日焼けを起こしてしまった株。焼けて白くなった部分は次第に黒っぽくなる。

かないことです。また、遮光ネットの代わりによしずやすだれを使っていると、どちらも遮光率が50〜60%くらいあるため暗すぎ、やはり日光不足になるので、必ず遮光率30〜40%の遮光ネットを張るようにします。

置き方も再チェックします。株と株とがくっつきすぎると、葉と葉が重なり合うため日光不

隣の株が覆いかぶさるなどして日ざしが片側からしか当たらなかったため、傾いて伸びた株。

足と同じ状態になり、葉が徒長します。こうなると、バルブの太り方も思わしくなく、結局花芽も出にくくなります。鉢と鉢との間隔を葉先が軽く触れる程度あけ、ゆったりとさせると、今年の葉はあまり垂れず、花芽の数もふえます。

水やり　梅雨中は、空梅雨でなければ雨のために水やりに気をつける必要はあまりありません。しかし、梅雨が明けると日ざしが強くなり高温にもなるので、水やりにも注意が必要になります。晴天のときには葉面からの水の蒸散が激しいので、与えた水は1日で乾くこともよくあります。そこで毎日午前中に、植え込み材料に水をたっぷり与えます。

さらに7月から8月にかけては、夕方、株の上から水をまいて株全体をぬらす（葉水）とともに、鉢を置いた周囲の地面やベランダにも水をまき、少しでも夜温が下がるようにします。

シンビジウムはもともと東南アジアなどの標高1000mほどの山地に自生していた植物です。山では日中こそ高温になるものの、夕方からは気温が下がります。これと少しでも似たような環境をつくると、株の元気は増し、花芽もたくさんできます。

肥料　今月はどんどん成長する時期なので、肥料をきちんと施して養分不足にならないようにします。液体肥料は規定の倍率に希釈して、梅雨中は3～4日に1回、梅雨明け後は週1回の割合で施します。また液体肥料と併用して、固形の肥料も施します。油かす主体の固形肥料なら月1回の割合で施します。固形肥料は1か月たっても外観はほとんど変わりませんが、肥料分はしみ出てなくなっているので、新しいものと取り替えます。洋ラン専用の粒状の緩効性化成肥料で3～6か月ほど効果が持続するものなら、春に施したら取り替える必要はありません。

病害虫の防除　気温が高くなるのにともなって、ハダニが大発生しやすくなります。特に何年間も育てていて大株になったものにはつきやすいので、時折葉裏を拡大鏡で調べます。もし今年の春に発生していたら、その葉の裏を重点的に見ましょう。シンビジウムにつくハダニは何種類かありますが、いずれも小さいものですから、拡大鏡を使わないと、肉眼での発見は困難です。見つけしだい適用のある殺ダニ剤を散布しますが、葉裏を中心に週1回の割合で3〜4回は行って駆除します。

　ナメクジの被害も発生する時期です。主に新根を食害するので、殺ナメクジ剤をまいて防除します。

除草　気温の上昇とともに雑草も生えやすくなるので、見つけしだい取り除きます。

●除草

雑草の生えたシンビジウムの鉢。できればこれほど茂る前に除草する。

指で摘んで根ごと引き抜く。小さな雑草や株のすき間に生えた雑草などは、ピンセットを使うとよい。

雑草を取り終えた鉢。雑草を取り除くことで病害虫の発生も少なくなる。

シンビジウム用の固形肥料

　洋ランに用いる固形肥料には、大きく分けて有機質肥料である油かすを主体とした固形肥料と、化学肥料である粒状や錠剤型をした緩効性化成肥料とがあります。

　油かす主体の固形肥料は施肥後1か月ほどすると、形は残っていても肥料分はほぼなくなっています。そのためシンビジウムに使う場合は、4月下旬に1回目を施したら、5月下旬、6月下旬に新しいものに取り替える必要があります。夏が涼しければ、7月下旬にもう1回施してもよいでしょう。油かす系の肥料の特徴は効き目が緩やかで、少々施す量が多くても植物に負担を与えにくい点にあります。

　粒状や錠剤型の緩効性化成肥料は、最近さまざまな製品が販売されるようになりました。肥料分がゆっくりと長く効くことに特徴があり、多くの製品は3～6か月ほど効き目が継続します。そのためシンビジウムには、4月下旬に1回規定量を施すと、その後の追肥は不要です。成分が凝縮された肥料ですから、使うときには必ず説明書に記載の量を施すことが大切です。鉢の大きさの割にはわずかな量なので心配になりますが、十分に効果があります。

油かす主体の固形肥料。

粒状（右）と錠剤型の緩効性化成肥料（左）。

7月

8月

置き場　戸外の30～40％遮光下
水やり　たっぷり与える／夕方から葉水
肥料　週1回液体肥料を施す
病害虫の防除　ハダニ
植え替え、株分け　一切行わない

ファイヤービレッジ‘ワインシャワー’
Cym. Fire Village ‘Wine Shower’

今月の株の状態

高温多湿、強くて長時間当たる日光などにより、本来なら今月は1年で一番よく成長する月であるはずですが、一般に7月に比べると成長があまりよくありません。もともと日中の気温に比べ夜間の気温が10℃ぐらい下がることを好むシンビジウムは、夜温が下がらない都会の中心地のようなところでは、生育不良になり、株の勢いが少し止まったように見えることもあります。ここで生育が一時停止すると、その分だけ花芽の発育も遅れ気味になります。生産者はこうしたシンビジウムの生態を知っているため、7月後半から9月中旬にかけて、夜温の下がりやすい海抜800～1000mの地帯に鉢を運んで夏越しさせ、9月下旬から10月に下ろします。家庭の園芸ではこうした移動栽培はできないので、それに代わる方法を工夫して夏越しさせます。

今月の管理・作業

置き場　引き続き戸外の直射日光が毎日5～6時間は当たる場所に、遮光率30～40％の遮光ネットを張って強光線を防ぎ、その下に置きます。

水やり　今月一番大切なのは水やりです。今月の水やりには、2つの目的があります。

一つは、株にしっかりと水を補給するための水やりです。8月になると新葉の数がふえ、長さも長くなるため水の蒸散量もふえ、以前より乾きやすくなってきています。そのため、鉢内への十分な水やりが必要になるので、午前中、株元に鉢底の穴から流れ出るぐらいたっぷり与えます。

もう一つの目的は、夜の温度を下げるための水やり（葉水）です。シンビジウムは日中暑くても株はへこたれませんが、夕方から夜にかけて気温が下がらないと株の元気がなくなりま

ジョウロを使っての葉水（シャワー）。夜温を下げるために夕方に行うが、猛暑のときは昼間も行うとよい

8月

す。その結果、翌年の花数も減ります。そこで、夕方遅くに株の上からシャワーをしてやります。葉全体をまずぬらし、次に鉢が置いてある周囲の地面やベランダに広範囲にたくさん水をかけます。かけた水が少しずつ蒸発するときに周囲の温度を奪っていくため、かけなかったときに比べるといくぶん温度が下がり、株の健康状態はよくなります。

シンビジウムが日中の暑さに強いとはいっても、最高気温が35℃以上にもなる猛暑日が続くと、さすがに株がバテてきます。日中、極端に暑い日が続くときは、昼間にも葉水を株全体にかけて株の温度を下げてやります。こうすると、夏バテを少しは防ぐことができます。

肥料　水やりとともに気をつけたいのが肥料やりです。7月に引き続き、液体肥料は週1回施しますが、固形肥料はもう施しません。油かす主体の固形肥料の場合、これまで3回（4月下旬から5月上旬、5月下旬から6月上旬、6月下旬から7月上旬）施したので春に出た新芽はほどよく育っています。これ以上施すと、再び新芽が出てきてしまい、株は大きくなりますが花芽は出にくくなります。

ただし、まだ株が小さく、育苗中で今年の花芽は期待できない場合は、上旬に100円硬貨大の油かす主体の固形肥料を1～2個置き肥して成長を促します。

病害虫の防除　7月同様、ハダニが最も発生しやすい時期です。放任しておくと葉裏にハダニがびっしりとふえ、葉の中で日々つくられる養分を吸ってしまうため、株の勢いは衰え、花芽ができにくくなります。

そこで、少しでもハダニを発見したときには、適用のある殺ダニ剤を散布します。葉裏を中心にかけ、残りの液で葉の表からもかけます。また、気温の高い午前10時から午後5時ごろまでの間は避け、この時間帯の前か後に行います。気温の高い時間帯に薬剤を散布すると植物を傷める（薬害を起こす）ことがあるからです。完全に駆除するためには、殺ダニ剤の散布を週1回の割合で3～4回行います。ただし、ハダニは同じ殺ダニ剤を使い続けていると、抵抗性ができて薬の効き目が悪くなります。1種類を連続して使わず、数種類の殺ダニ剤を順に使うようにしましょう。

鉢の入れ替えと向き替え　鉢が5月に戸外に出されたままになっていた場合には、今月早々に、鉢と鉢を入れ替えるように移動させ、かつ鉢を回して、今まで日光にあまり当たっていなかった側に日光を当てるようにします。こうすると花芽が四方から平均して出てくるようになります。この作業を行わないと、日光のよく当たった側にのみ花芽が出てきたり、四方から花芽は出てきても、日光のよく当たった側は早く伸び、日光不足の側は伸びが遅いうえ、蕾の数も少なくなって、鉢植えとして美しくありません。

除草　雑草が生えやすいので、見つけしだい取り除きます。

ハダニがの被害を受けた葉（右）と健全な葉（左）。被害葉はかすり状に黒ずんでいる。

9月

置き場　戸外の30～40％遮光下
水やり　乾いたらたっぷり与える
肥料　週1回液体肥料を施す
病害虫の防除　黒点病、ハダニ、ナメクジ、アメリカシロヒトリ
植え替え、株分け　根腐れ株以外は行わない

シルバンストリート‘メモリーズオブユー’
Cym. Sylvan Street ‘Memories of You’

今月の株の状態

朝夕の気温変化がはっきりしてくると、今までの成長とは違った様子を示してきます。5月以降、8月までは新しい葉が次々と出てきて葉数がふえ、どんどん長く成長していく状態に見えていました。今月の半ばを過ぎるころからは、こうした長く成長する勢いはなくなり、代わって葉のつけ根にある茎（バルブ）が少しずつ太りだします。これは成長期の終わりに入ったことを示していて、こうした様子を示してきたら管理の仕方を少し変える必要があります。注意

深く観察しなければいけない月です。

今月の管理・作業

置き場　5月ごろから使っていた戸外の置き場をそのまま使います。直射日光が毎日5～6時間は当たる場所に、遮光率30～40％の遮光ネットを張り、その下に置きます。

9月中旬になると昼と夜の時間は同じとなり、これ以降は明るい時間が短くなり、反対に夜の暗い時間が長くなります。さらに、日光のさし込む角度が夏とは大きく変わってきます。夏の間は高い位置から日光がさし込んできていましたが、9月中旬からはずっと斜めからさし込むようになってきます。このため、今までとは葉に当たる日光の量が変わってきます。

さらに、新しいバルブや葉ができてきたため、春に比べると株自体が一回りか一回り半ほど大きくなり、隣の株の葉との重なりがひどくなってきているのが目につくはずです。こうなると1枚の葉に当たる日光の量が減り、株の充実に悪影響を与えることにもなります。

特に今月は花芽ができる大事なときと考えられていますから、改めて置き場の日光の当たり具合と株の様子とをチェックし、必要に応じて鉢を移動させます。

水やり　今月はまだ少しずつ成長と充実を図っているので、水は吸います。また空気が乾いてくるので自然に乾きやすくもなる時期です。これまでと同様、植え込み材料の表面が乾いてきたらすぐに鉢底の穴から流れ出すほどたっぷり水を与えますが、夏ほどは急には乾かないので、月間の与える回数は少し減ります。

夏の間、夜の温度を少し下げるために行った夕方からのシャワーは、もう必要ありません。

9月

9月に入ると朝夕の温度差が出てきて、株はこれによって堅く締まってきます。

肥料　成長が鈍くなりますが、これからはバルブが太り株が充実するときです。このため液体肥料は週1回の割合で施します。液体肥料を施した日には水やりは行いません。また固形肥料は施しません。固形の肥料を秋に施すと10月から葉芽が発生し、花芽が出なくなったり、少なくなったりします。

ただし、子株を育てているときだけは、週1回の液体肥料に加え、今月もう1回油かす主体の固形肥料を1～2個置き肥してかまいません。子株はまず株を一人前の大きさにしないと花芽ができないので、今年は株づくりに努め、来年春からは花芽をつくるための育て方に変えればよいわけです。今しっかり培養しておくと子株に力が蓄えられ、来春からの成長に期待で

●古いバルブの除去

古いバルブは役目を終え、指で軽く押すだけでへこむ。つまんで持ち上げれば簡単に外れる。

6月の古いバルブはまだ生きていて少しだけ養分が残っているが（上）、9月のものは枯れて中はからっぽになっている（下）。

きます。

病害虫の防除　ハダニや黒点病の発生がぐっと減ります。これは空気が乾いてきたうえ、朝夕の温度が下がってきたためです。しかし、9月下旬ごろに始まる秋の霖雨《りんう》（何日も降り続く雨）のときに、黒点病がぶり返すこともあります。黒い斑点がまだふえるようなときには、秋の彼岸過ぎに黒点病に適用のある殺菌剤を株全体に散布します。

9月はアメリカシロヒトリの幼虫の今年2回目（温暖地では3回目）の発生期です。秋に発生した幼虫は、春以上に手当たりしだいに何でも食べ、洋ランの葉も食害しますし。見つけしだい捕殺するか殺虫剤を散布して駆除します。

また霖雨のときにはナメクジが発生することもあるので、あらかじめ殺ナメクジ剤を鉢のまわりや植え込み材料の上にまいておきます。

植え替え、株分け　行いません。ただし、夏の間に濃い肥料を施すなどして根腐れを起こし、バルブに大きなしわの出ているものは、再生させるために植え替えや株分けを行い、来春から育て直します（50ページ参照）。

古いバルブの除去　6月に除去できなかったバルブは、今月になると簡単に外れるので、取り除きます。

秋の芽かき　バルブの太り方が少し鈍り、株が成長休止期に入ると、でき上がったばかりのバルブの根元から芽がでてきます。一つは花芽、もう一つは葉芽です。花芽と葉芽が同時に出てきたときは、花芽だけを残し、葉芽はすべて折り取ります。バルブに蓄えた養分を花芽に集中させて、よい花を咲かせるためです。

10月

置き場　戸外の30～40％遮光下
水やり　乾いたら与える
肥料　基本的に施さない
病害虫の防除　ナメクジ
植え替え、株分け　行わない

ヤマナシリバティー‘ピュアムーン’
Cym. Yamanashi Liberty 'Pure Moon'

今月の株の状態

吹く風がさわやかになり、気温も日増しに低くなってくると、株はすっかり葉の成長を止め、バルブが太ってくる充実期を迎えます。根がしっかりしていて、今までほどよい日光が当たり、肥料をしっかり施されていた株は、急にバルブが太り始め、早いものは今月の終わりごろには花芽が出てくることもあります。株によっては花芽は出さず葉芽のみを出すものや、花芽と葉芽を同時に出してくるものもあるなど、株の姿はいろいろあります。

今月の終わりごろにはこうした芽の様子を観察し、不要な芽をかき取る作業も必要となります。また株の成長が終わるころになると気温も下がるので、北国では戸外から室内に移す作業も加わります。

今月の管理・作業

置き場　最低気温が10℃くらいになるまでは、今までどおり戸外の遮光率30～40％の遮光ネットを張った下に置いたまま管理を行います。葉に日光の当たる時間が毎日5～6時間なくてもかまいません。9月までは花芽をつくるために日光が必要でしたが、今月はもう花芽ができ上がっている（目では見えないこともある）と考えてよく、したがって日光の当たる時間の長さについてはあまり考える必要がありません。

今月は晴天が多く、太陽は9月よりもさし込みます。秋の日ざしは思いのほか強いので、葉を日焼けさせないように気をつけます。上に張った遮光ネットの南側に垂らした部分を9月より長くして、強光線が葉に直射しないようにします。

水やり　植え込み材料の表面が乾いてきたら、

春から夏の生育が順調だったため、根がよく張って鉢が割れてしまった。そのまま一回り大きい鉢に入れて管理し、春の適期に植え替える。

鉢底の穴から流れ出るぐらいたっぷり水を与えます。与える時間は午前中がよいですが、午後になってもかまいません。秋は空気が乾いてくるため、戸外に出してあるシンビジウムの鉢も乾きやすくなっています。また、葉数は春のころに比べると多くなっており、バルブもどんどん肥大しているので、水は多く必要としています。成長が終わったからといって手抜きをせず、きちんと水やりしましょう。

肥料　施しません。もう株の成長はなく、バルブが太っていくだけです。毎日葉でできた養分がバルブのほうに集まって太ると考えてよく、葉数をふやすのに必要だった肥料分はいらなくなったわけです。

ただし、これは花芽をつけられる大きさの株の場合で、育苗中の株の場合は液体肥料のみ今月末まで施します。苗は早く大きく育てて、来春に出てくる新芽をぐっと充実させたいので、秋いっぱいまで肥培に努めます。

病害虫の防除　空気は乾きだし、気温も低くなるので、病気は自然に発生しなくなります。また害虫も、ナメクジ以外はあまり見かけなくなります。ナメクジには殺ナメクジ剤をまいて被害が広がらないようにします。

植え替え、株分け　行いません。鉢いっぱいに

花芽や葉芽が伸び出した株。生育のよかった株は、花芽が１つのバルブから２〜３本出る。

株が広がり、倒れやすくなったものは、一回りか二回り大きな鉢を用意し、その中に株を鉢ごと入れて二重鉢にすると倒れにくくなります。

秋の芽かき　今年でき上がったばかりのバルブの根元から花芽と葉芽が同時に出てきたときは、花芽を残して葉芽だけ折り取ってしまいます。こうするとバルブ内の養分は花芽に集中し、花茎がよく伸び、花も大きく咲きます。

十分花が咲くくらいの大きさの株なのに、花芽が1本もなく葉芽ばかりのときは、思いきってすべての葉芽を折り取ります。そうすると、年内中か新年早々に新しい芽が出てきますが、そのときに花芽が出てくる可能性があります。また、花芽か葉芽かの見分けがつかないときは、半月ほどそのままにしておきます。芽が10㎝くらいまで伸びれば、見ただけで花芽か葉芽かがわかるようになります。

●花芽の確認の仕方

たけのこのように丸みがあるのは花芽で、先端部（写真右）がふかふかしていて、基部（写真左）が堅く締まっている。葉芽は平べったい感じで先端部が分かれている。

秋の芽かき　適期＝10月下旬〜11月

バルブが完成するころから、花芽と葉芽が伸び出します。花芽か葉芽かをよく見極め、花芽を残して葉芽だけ折り取ります。

株元のあちらこちらから伸び出した芽。丸みのあるたけのこのような右の２本と中央は花芽。左の平べったく先が開いているのが葉芽で、葉芽はすべて取り除く。

葉芽のやや下の部分に親指を当て（右）、一気に倒して折る（中）。こうすると、つけ根からきれいに折れる（左）。ほかの葉芽も同様に行い、すべての葉芽を折り取る。

山上げ

「山上げ」という言葉を聞いたことがありますか。これは生産農家がシンビジウムを涼しい山で栽培する方法です。7月から9月ごろまで標高800～1000mほどの山の栽培場へシンビジウムを運び、涼しい夏の気候を利用して株を早く充実させ、花芽を早く出させます。この方法で栽培すると、11月下旬から花や蕾のついた株の出荷が可能になり、シンビジウムを年末ギフト商品として販売することができます。

家庭で栽培しているシンビジウムも山上げしたら、同じように年末に開花させることができるかといったら、それは困難です。生産農家では、シンビジウムの秋に出てくる新芽を暖かな温室内で肥培管理して、翌年の初夏までに新芽を大きく成長した状態に育てます。その後涼しい山へ移すと、夏の間にバルブを大きく充実させて、夏の終わりごろには花芽をつけます。9月の終わりごろにその株を再び低地へ移して、温室内で開花させるのです。家庭で栽培している株は秋に芽かきをしてしまうので、山上げしても開花期が少しだけ早まるくらいです。

山上げされ、涼しい環境で株の充実が進むシンビジウム。年末には花つきのギフト商品となって店頭に並ぶ。

11月

置き場　ガラス越しの日光に当てる
水やり　乾いたら与える
肥料　施さない
病害虫の防除　ほとんど発生しない
植え替え、株分け　行わない

（アルバネンセ×エンザンフォレスト）'いろはいろ01'
Cym. (*albanense*×Enzan Forest) 'Irohairo 01'

今月の株の状態

朝の気温は低くなり、さし込む日ざしも弱々しくなってきて、初冬の季節になります。株は来春までの間、成長を休止します。今年の春から伸びた芽は、卵形の新しいバルブとなっていて、そこには葉が8～9枚ついています。このできたばかりの新バルブの根元から、新しい芽がいくつか出てきています。新バルブの成長が停止するころから花を開く準備に入ってきている様子がよくわかります。10月同様、花芽か葉芽かをチェックして、葉芽はかき取りましょう。

今月の管理・作業

置き場　戸外栽培から室内での冬越しに切り替える月です。北国では10月中・下旬に室内に取り込まなければいけませんが、関東地方以西では今月上旬が適期です。いつまでも戸外に置いておくと、ときとしてやってくる寒波によって寒害を受けることがあります。気象情報をこまめにチェックして、最低気温が10℃になったころから取り込みを始めます。

室内では日光のよく当たる廊下などに並べます。まだそれほど低温にはなっていないので、夜の温度について心配する必要はありません。日のよくさし込む窓辺に置きましょう。水やりのときに鉢底の穴から流れ出した水がこぼれてはいけませんから、1鉢ごとに鉢皿を用意し、その中に鉢を置きます。

水やり　成長が止まった株はあまり水を吸わなくなります。以前のように毎日とか1日おきに水を与える必要はありません。水やりの原則どおり、植え込み材料の表面が乾いたときに与えます。また、今月から水やりは午前中に行うよ

室内に取り込んだ株は、1鉢ずつ鉢皿に置く。そのまま水やりできて便利だが、鉢皿にたまった水はそのつど必ず捨てておくようにする。

うにします。夕方に与えると鉢内を冷やすことになるからです。1回に与える水の量は、夏と変わらず、鉢穴から流れ出すくらいたっぷりと与えます。

鉢の乾き具合は、植え込み材料の表面に指を当てて確かめますが、鉢数が多くても一鉢一鉢確認して乾いている鉢にのみ水を与えるようにします。日光の当たり具合や花芽の伸び具合などによって乾き具合が違ってくるからです。

病害虫の防除　気温や湿度が低くなるので病気や害虫が発生する心配はほとんどありません。

秋の芽かき　葉芽は9月から11月ごろまで出てきます。花芽との区別がつくようになったら、すぐにつけ根から折り取ります。

枯れた葉先の処理　株は健康でも、生理的な原因で葉先が枯れることはよくあります。伝染しませんが、観賞の際に見苦しいので今のうちに

●大きく伸びた葉芽の折り方

秋に伸び出した葉芽は、全部折り取る。もし芽かきし忘れていたら、写真のように大きくなっていてもすぐに折り取る。

切っておきましょう。

株のクリーニング　戸外から室内に移すときは、まず鉢と株のクリーニングをします。鉢を持って株を見ると、葉のない古いバルブのところに枯れた薄皮がついていたり、葉のある古バルブの場合は下葉が黄色くなっていたりするので、これを取り除きますが、細かいところはピンセットを用いるとよいでしょう。

こうした手入れをきちんと行っておくと、美観がよくなり、カイガラムシなどの発生もあまり見られなくなります。もしカイガラムシがついていた場合は、ぬらした布でふき落とし、そのあとにカイガラムシに適用のある殺虫剤を散布しておくと再発生を防ぐことができます。

株のクリーニングは年1回でもよいですから必ず行うようにしましょう。

●枯れた葉先の処理

先端部が枯れた葉。見苦しいので枯れた部分だけ切り取る。

葉に対して直角ではなく、斜めに切る。ハサミは消毒してから用いる。

斜めに切ると自然な雰囲気で、切ったことがわかりにくい。

12月

置き場　ガラス越しの日光に当てる
水やり　乾いたら午前中に与える
肥料　施さない
病害虫の防除　ほとんど発生しない
植え替え、株分け　行わない

ミルキークィーン‘ウインターワルツ’
Cym. Milky Queen ‘Winter Waltz’

今月の株の状態

今月のシンビジウムは成長休止期に入っているため、新しい葉もバルブも出てきません。また、先月まで盛んに出てきた葉芽も、ほとんど出てきません。シンビジウムは葉やバルブが成長を止めているときに花芽を伸ばして開花する性質ですから、今後は今ある花芽やこれから伸びてくる花芽をいかに大きく育て上げ、咲かせるのかが今後の目標になります。

12月に入ると園芸店にたくさんのシンビジウムの鉢が並びます。これらはいずれも花芽を何本も出し、開花しています。こうした株は家庭で育てているものに比べると早く開花しているので、早咲きのように思われがちですが、すべてが早咲き種というわけではありません。夏の間、海抜800〜1000mの涼しいところに持っていって育てたため、株は夏バテすることなく花芽が早く伸び出し、その結果、早く咲いたわけです。これは普通の家庭では行えない方法なので、12月に花芽が出てきたり伸び始めれば、家庭園芸としては順調な生育状態だといえます。

今月の管理・作業

12月からは夜の室内の温度が暖房の仕方によって大きく変わるため、置き場や手入れは最低温度によって2つに分けて解説します。

●最低温度15℃の場合

置き場　今まで廊下に置いてあった鉢は今月から明るい室内に移します。このとき一晩中暖房している部屋に置くと、花茎はするすると伸び始めます。ただし、暖房の温風が直接当たるところに置くと、蕾は黄ばんで落ち、咲かなくなるので、温風に当たらないよう置き場に気をつけます。また、室温が夜間から明け方にかけ22〜23℃ある場所でも蕾は黄ばんで落ちるので、こうした部屋は夜間避けるようにします。日中は23℃になってもかまいません。

水やり　花茎が急に伸びてくると水をよく吸い、植え込み材料は乾きます。また夜間でも20℃以上の室温が続くと乾きやすくなります。このため植え込み材料の表面がやや乾いてきたときに水を与えます。鉢を持ったとき軽く感じるほど乾いてしまうと、伸びかけの蕾が黄変してしまうので注意します。1回に与える量は鉢底の穴から少し流れ出るぐらいがよく、与える時間は午前中のほうが株のためによいでしょう。

なお葉水は不要です。シンビジウムは花弁が厚いので、多少の空中湿度が不足しても平気で花は開きます。かえって蕾を常に湿らせていることのほうがよくありません。

肥料　施しません。花芽が伸びてくると液体肥料を施したくなりますが、施してはいけません。1000～2000倍に希釈した液体肥料を施しても根を腐らせることはありませんが、花茎が異常に長くなって曲がってきたり、冬の間に新芽が出てきたりして、開花やその後の生育によい影響を与えません。

病害虫の防除　今月は病気や害虫の心配はありません。

●最低温度7℃の場合

置き場　今まで日当たりのよい廊下や窓辺に並べておいた鉢は、そろそろ寒さが厳しくなってくるので室内に移します。このまま廊下に置くと、日中、日が当たると25℃ほどにもなり、反対に明け方は6～7℃まで下がるため、株はこの温度差に耐えられず、花芽が黒くなって腐ってきたり、急に伸び出して短い茎のままで咲かない場合もあります。やはり廊下より寒暖の差の小さい部屋に移したほうが花芽のためには安全です。

ただし、終日日光がまったくさし込まない部屋では生育不良になることがあります。障子越しの日光が当たるぐらいの部屋に置くようにします。また、夜間暖房中は温風が株に当たらないよう、暖房機から離して置きます。また夜半に暖房を止めてからは、できれば部屋の中央に置いたほうが温度が高く保てます。部屋の隅のほうは中央よりも温度が下がります。

水やり　11月まではやり方を変えます。夜間の温度の下がるところに置くと、今までよりも植え込み材料の乾きは遅くなり、与えた水は4〜5日もちます。これは夜間の低温により根の吸水が弱くなってきたためです。指で植え込み材料を触ってみて、乾かない間は4日間でも5日間でも水は与えません。乾いてきたときには、今までと同様に鉢底の穴から水が流れ出るぐらいたっぷり与えます。もちろん午前中の水やりとし、水道の冷たい水は与えず、1〜2時間前にくみ置いたものを使うようにします。こうすれば根を傷めることはありません。

肥料　一切施しません。低温で冬越しさせる株に肥料を施すと、根腐れを起こすことがあるからです。

病害虫の防除　病気や害虫が発生する心配はありません。

株元に出た花芽。まだ花芽が見えなくても、1月になってから伸びてくることもある。

花粉と花の寿命

丹精込めて栽培したシンビジウムの花が咲き喜んでいると、まだ開花してからそれほど時間が経っていないのに1本の花茎の1輪だけが元気なく変色してくるときがあります。ほかの花はいきいきと咲いているのにどうしたことかと不思議に思うことでしょう。

これは多くの場合、シンビジウムの花粉が落ちたことが原因です。一部の品種は花粉が落ちやすく、うっかり花に触れたり、花が何かに当たったときにポロッと花粉が落ちてしまうことがあります。シンビジウムの花は花粉が落ちると受粉したと勘違いして、まずリップが赤味を帯びた色になり、その後花がしぼんできます。贈答用で販売されている株にもこの症状がよく見られます。それは栽培農家から市場を経由して園芸店で販売される途中で花粉が落ちやすいためです。

せっかく咲いた花ですから、長く楽しむために花粉を落とさないように注意しましょう。万が一花粉を落とし、変色してきた花があったときは、消毒したハサミなどで1輪だけ切り取っておけば、残りの花は最後まで楽しむことができます。

花粉が落ちてしまったため、唇弁が赤っぽく変色したシンビジウムの花（矢印）。

栽培上手になるための シンビジウムQ＆A

シンビジウムを栽培している皆さんからいただくことの多い疑問・質問をピックアップして回答しています。

Q 株がしなびて花芽も伸びない

花芽ができていたのに、株にしわが寄ってしおれ、花芽も伸びてきません。根腐れしないように水は与えず、ときどき霧を吹いていたのですが、なぜでしょうか。

A

洋ランは冬に水を与えず、霧をときどきかければよい、と覚え込み、株が衰弱し、花芽も満足に伸びずに失敗する人が多いようです。たしかに寒さに弱いファレノプシス（コチョウラン）の場合はやや当たっている育て方ですが、シンビジウムにはまったく当てはまりません。特に花茎を伸ばしている株を水不足にすると、花茎の伸びが止まってしまうので気をつけましょう。

シクラメンがよく咲いている部屋ならば、何の心配もなくシンビジウムは置けますし、水も与えます。植え込み材料の表面が乾いて白っぽくなったら、水を鉢底の穴から流れ出るまでたっぷり与えます。冷たい水を与えると根を傷めてしまうので、水はくみ置きにして、室温と同じ温度になってから与えるようにします。

Q 葉を縛ってもいい？

育て方が悪かったのか、わが家のシンビジウムは葉がだらりと垂れています。邪魔なので、葉を縛ってもいいですか。

葉が垂れて邪魔でも、まとめてひもで縛ったりしてはダメ。

A 葉は光合成をして栄養分をつくり出す大切な器官です。葉をまとめてくくると、日がよく当たらなくなったり、風通しが悪くなって蒸れたりして、株が弱ってしまいます。たとえじゃまでも、葉はなるべく縛らないようにします。

シンビジウムの葉が垂れるのは、多くの場合、生育期間中の日光不足で徒長して、葉が長く軟弱に育ったことが原因です。これでは花芽も出てこないので、春から秋の生育期は、直射日光が半日は当たる場所に遮光率30〜40%の遮光ネットを張り、その下で管理しましょう。

Q 2月に新芽が出てきた

暖房の効いた室内に置いていたら、2月だというのに新芽が伸びてきてしまいました。問題ありませんか?

A 一番寒い月なので、どうしても盛んに暖房をして、夜は22〜23℃くらいの室温にしている家庭も多いようです。こうした部屋にシンビジウムを飾っておくと、開花中でも前年育った太いバルブのところから新芽が出てきます。本来は春になり暖かくなってから出てくるのが普通ですから、冬に出てしまうと、見た目はよくても実際には困りものです。

なぜならば、この時期はまだ夜が長く日照時間が短いので、新芽が伸びても日照不足で徒長するため、充実した株には育ちません。その結果、次年度は花芽なしで葉ばかり茂ることになります。このため、シンビジウムは夜温の高い部屋に置くのは避けるようにしましょう。夜間13〜14℃に抑えれば、新芽は出てきません。

新芽が伸びてきてしまった株は、春までできるだけ日によく当てるように管理しましょう。

Q 早く植え替えたら成長がよくない

花が終わったので、株の生育期間をできるだけ延ばしてやろうと、3月上旬に植え替えました。ところがその後の成長がかんばしくありません。

A 洋ランを始めると、まず植え替えをしたくなるものです。ことにシンビジウムは株に対してやや小さめの鉢にぎっしりと生えていて、見ているだけで窮屈そうで、花を切るのと同時に大きな鉢に移し替えてやりたくなります。

もちろん鉢いっぱいに株が大きくなった場合は植え替えが必要です。ただし、その適期は気温が高くなってからですから3月に入ってすぐ行うのは危険です。いくら植え替えをしてやっても新根がなかなか出ないため、株はかえって衰弱しがちになります。温室がない場合は、自然の条件が整うヤエザクラが満開になってから行うと失敗が少なくなります。

Q 暑いと思って木陰に移したが…

少しでも涼しいほうが生育もよくなると思い、夏の間、シンビジウムを木陰に移しました。ところが秋になっても花芽が出てきません。いけなかったでしょうか。

A 梅雨が明けると急に強い日光がさし込み、気温も上がり夏本番になります。この季節、人々は日陰を選んで歩いたり、日傘をさして強い日光に当たらないように努めます。シンビジウムも暑いだろうと思ってしまい、鉢を木陰の涼しいところに移す人もいますが、これは少し困ります。

もともとシンビジウムは日中35℃ほどの高温になってもへこたれないくらい丈夫な植物で

す。夏は葉にほどよい日光が毎日5～6時間当たることによって花芽がつくられるので、日光不足になる木陰に移すのはよくありません。夏の間も30～40％遮光した日光が長く当たる場所に置くようにしましょう。

Q 秋に肥料を施していい？

夏の間、成長が止まっていたので肥料を施しませんでした。秋になったら再び成長を始めましたが、肥料を施してもいいでしょうか。

A

シンビジウムの成長を見てみると、春、気温の上昇とともに新芽が出て、続いて新根も出てきます。その後すくすくと伸びますが、酷暑のときは成長が一時ストップします。そして涼風が立つようになると急に葉が伸びたり、葉の基部のバルブがふくらみ始めます。秋口のこうした姿を見ると、急に肥料を施したくなるものです。

涼しくなってくると成長を再開し、肥料をたくさん施したくなるが、施すのは液体肥料のみにする。

秋口の成長は、葉数がふえるような成長と違い、株が充実してバルブが太り始める状態ですから、春から夏のように肥料を大量には必要としません。そのため、液体肥料の1000倍液を9月末ごろまで週1回施すだけでよいわけです。生育ぶりを見ていると、つい固形肥料も施したくなりますが、施すと花芽がつかず葉芽ばかり出ます。

主な病害虫とその防除

バラやキクなど花木や草花に比べると、あまり病気は多くなく、害虫も少ないので、この点では楽な植物です。しかし、発生したときに困らないように対応策を覚えておきましょう。

病気

ウイルス病

【特徴と症状】 病気で一番怖いのがウイルス病です。感染すると花や葉に濃淡のモザイク模様が現れたり、奇形化したりします。

接触伝染するので、葉と葉がこすれたり、あるいは病気をもっている株をハサミを使って株分けしたとき、ハサミに汁がつき、これで別の株の作業に使うとうつってしまいます。病気にかかったとしても、それが株に症状として現れるまでに数年かかることが多く、気づいたときには手遅れとなります。

ウイルス病に侵されているかどうかは判断しにくいですが、5月から6月ごろに今年伸びてきた柔らかな葉を太陽に透かしてみたとき、不規則に広がっているもやもやした濃淡があれば疑わしいと考えます。

【発生時期】 一年中。

【防除法】 ハサミや支柱は消毒してから使用し、古い鉢の再利用はしないなどして予防します。

リン酸三ナトリウムの水溶液に7～8分つけておけば、ウイルスを不活性化できる。

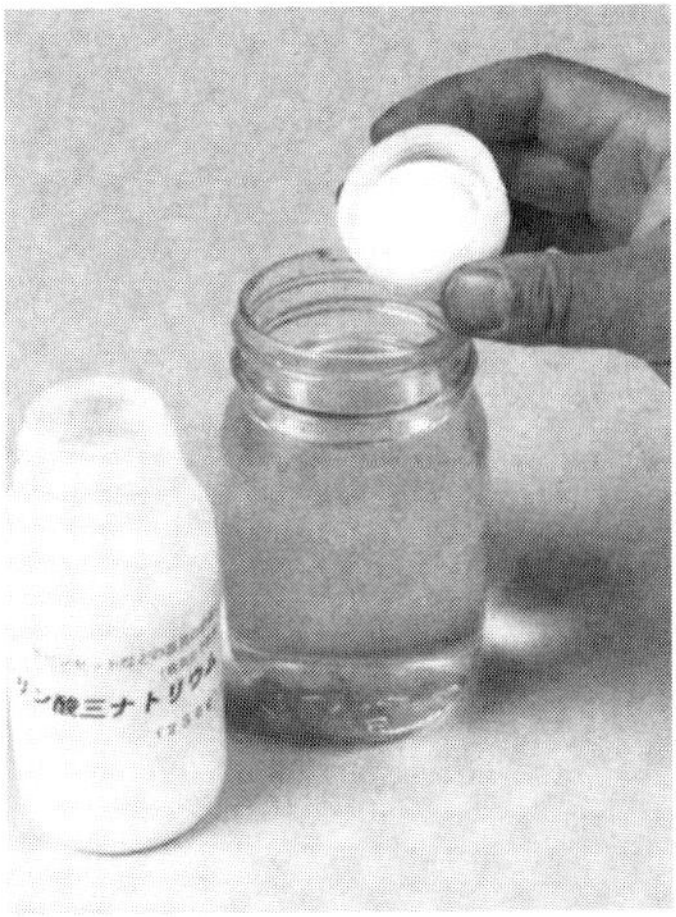

リン酸三ナトリウムは、水1ℓに対して30gを溶かして使用する。

ハサミは使用直前にバーナーで刃を焼くか、リン酸三ナトリウムの飽和水溶液に刃を短時間つけて消毒します。ライターの炎ぐらいの火力では消毒には不十分なので注意しましょう。古い鉢は観葉植物などには使っても大丈夫です。

ウイルス病を治療する薬剤はなく、かかってしまうと治せません。疑わしい株は、ほかの株に伝染させないよう、ほかの株から離して様子を見ましょう。

■黒点病

【特徴と症状】 葉の表面に黒い斑点が出ます。

【発生時期】 主に梅雨から夏にかけて発生します。

【防除法】 鉢と鉢の間隔を広くとり、風通しをよくします。発生した葉は摘み取り、適用のある殺菌剤を散布します。

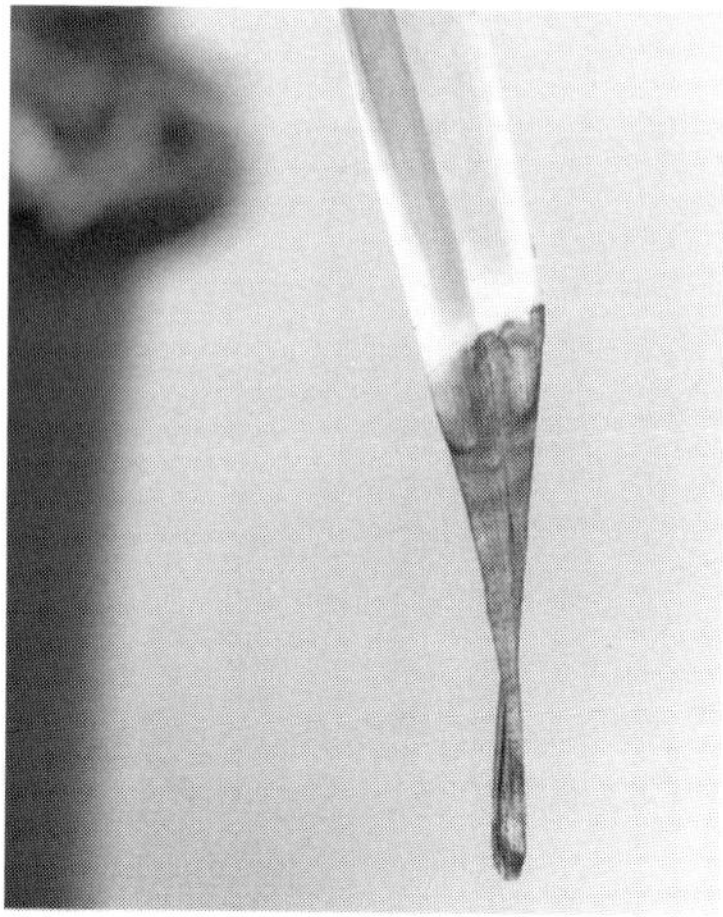

春に2～3枚の葉の先が褐色になるのは生理的なもので、病気ではない。そのため薬剤散布の必要はない。

葉枯病

【特徴と症状】 葉が先端から茶色くなり、次第に葉のつけ根に向かって黄ばんでいき、やがて枯れます。

【発生時期】 主に梅雨から夏にかけて発生します。

【防除法】 発生した葉は速やかに摘み取り、適用のある殺菌剤を散布します。

害虫

ハダニ

【特徴と被害】 葉の裏に群生して養水分を吸い、株の勢いを落とします。吸われた部分は表面側から見ると白くなるため、大量発生すると葉が白いかすり状になります。

【発生時期】 梅雨明けから夏にかけて、高温乾燥が続くと多く発生します。

【防除法】 発見しだい、適用のある殺ダニ剤を数回散布します。湿度を嫌うので、葉水の際に葉裏にも水をかけるようにすると予防になります。鉢と鉢との間隔をあけて風通しをよくすることも大切です。

アブラムシ

【特徴と被害】 蕾について汁を吸います。ほうっておくと大量にふえて蕾が開かなくなることもあります。

【発生時期】 12月から4月ごろまでの蕾が出る時期に発生します。

【防除法】 発見しだい、適用のある殺虫剤を散布します。

■ナメクジ

【特徴と被害】 鉢底などに隠れていて、夜間に出てきて新芽や若い葉、蕾や花を食害します。這《は》ったあとに粘液が残り、それが乾燥すると光って見えます。

【発生時期】梅雨明けとともに出てきます。また、秋に室内に取り込むときに鉢底などをよく見て取り除いておかないと、室内でも被害にあうことがあります。

【防除法】夜間に見回り、発見しだい捕殺します。

薬剤を用いる場合は、殺ナメクジ剤を株まわりや鉢の周囲にも散布します。

室内に鉢を取り込む際は、鉢底やバルブのすき間などにナメクジがいないかよく調べ、駆除しておく。それを怠ると、せっかく伸びた花芽や花が食われてしまうことも。

江尻宗一（えじり・むねかず）

1962年、千葉県市川市生まれ。1984年、東京農業大学農学部農学科花卉園芸学研究室卒業。その後、米国サンタバーバラのラン園へ留学。現在、千葉県市川市にて須和田農園を経営。日本洋蘭農業協同組合（JOGA）副組合長。毎年世界各地のランの自生地を訪れ、失われつつある野生状態を記録している。

現住所：〒272 - 0825　千葉県市川市須和田2 - 26 - 20　須和田農園
http://www.suwada.com/

本書は2000年に刊行された江尻光一著『NHK 趣味の園芸 よくわかる栽培12か月　シンビジューム』を江尻宗一が現在の住宅環境に即して内容を見直し、加筆・修正したものです。なお、「シンビジューム」の表記を「シンビジウム」に改めています。

デザイン
海象社
イラスト
常葉桃子
写真撮影
竹田正道
田中雅也
丸山　滋
福田　稔
取材協力
河野メリクロン
向山蘭園
栗野原園芸
須和田農園
編集協力
高橋尚樹
校正
安藤幹江

NHK趣味の園芸
よくわかる栽培12か月
新版　シンビジウム

2015年 2月20日　第1刷発行
2023年 5月30日　第6刷発行

著　者　江尻宗一

発行者　土井成紀
発行所　NHK出版
〒150-0042　東京都渋谷区宇田川町10-3
TEL 0570-009-321 （問い合わせ）
0570-000-321 （注文）
ホームページ　https://www.nhk-book.co.jp
印　刷　凸版印刷
製　本　凸版印刷

ISBN978-4-14-040270-2 C2361
Printed in Japan